高等职业院校电力技术类专业系列教材

二次回路检验与安装

主　编　王　伟　黄忠胜

副主编　吴晋媛　王定俊

参　编　王婷婷　王利娜　韩花荣　白　刚

西南交通大学出版社

·成　都·

图书在版编目（CIP）数据

二次回路检验与安装 / 王伟，黄忠胜主编．-- 成都：西南交通大学出版社，2022.12
ISBN 978-7-5643-9072-3

Ⅰ．①二… Ⅱ．①王… ②黄… Ⅲ．①电气回路－二次系统－检验②电气回路－二次系统－安装 Ⅳ．①TM645.2

中国版本图书馆 CIP 数据核字（2022）第 246450 号

Erci Huilu Jianyan yu Anzhuang
二次回路检验与安装

主编　王　伟　黄忠胜

策划编辑　李芳芳　张少华
责任编辑　张少华
封面设计　何东琳设计工作室

出版发行　西南交通大学出版社
（四川省成都市金牛区二环路北一段 111 号
西南交通大学创新大厦 21 楼）
邮政编码　610031
发行部电话　028-87600564　028-87600533
网址　http://www.xnjdcbs.com
印刷　四川玖艺呈现印务有限公司

成品尺寸　185 mm × 260 mm
印张　10.25
字数　237 千
版次　2022 年 12 月第 1 版
印次　2022 年 12 月第 1 次
定价　59.00 元
书号　ISBN 978-7-5643-9072-3

课件咨询电话：028-81435775
图书如有印装质量问题　本社负责退换

前言
PREFACE

电力行业是国民经济发展中重要的支柱产业，在电力系统中，二次回路是十分关键且重要的一个组成部分，有着极为重要的作用，不仅能够实现电力系统的自动化控制,也能够有效保障电网的安全可靠运行。因此，二次回路检验与安装的操作技术就显得十分重要。为了满足当前电力行业发展需求，特别是适应高职院校的要求和就业出发，编写了《二次回路检验与安装》一书，该书采用模块化结构编写，根据专业技能需要，围绕岗位工作内容，设置了六个单元，每个单元由若干个子任务构成。本书不仅展现了二次回路检验与安装的操作技术，还阐述了各种试验仪器的使用方法和技巧，使得读者能够快速掌握相关知识和技能。该书直观性强，针对性强，实践性强，可以作为高职电力类专业学生的专业教材，也可作为电力行业从业者的参考书。

本书内容及学时安排（推荐）见下表：

单元序号	内容	学时
单元一	电流、电压互感器二次回路认知与检验	10
单元二	电压重动与并列二次回路认知与检验	6
单元三	线路保护装置二次回路认知与检验	10
单元四	变压器保护装置二次回路认知与检验	12
单元五	母线保护装置二次回路认知与检验	8
单元六	变电二次安装	12
总计		58

本书由四川电力职业技术学院王伟、黄忠胜担任主编。具体编写分工如下：四川电力职业职业技术学院王婷婷、王定俊编写单元一，四川电力职业职业技术学院王利娜编写单元二，四川电力职业职业技术学院韩花荣编写单元三，四川电力职业职业技术学院黄忠胜编写单元四，四川电力职业职业技术学院王伟、吴晋媛、国网宜宾供电公司白刚编写单元五。全书由王伟统稿并完成审定，吴晋媛协助了全书统稿。

本书是四川省教育厅 2022—2024 年职业教育人才培养和教育教学改革研究项目——《基于“校企共建、岗课赛证、纵向递进”的高职继电保护专业人才培养模式与育人实践研究》（项目编号 GZJG2022-775）研究成果。

由于编者水平有限，书中难免存在疏漏和不足之处，恳切希望各位同仁和本书使用者提出批评和改进意见，以便在本书修订时予以完善。

编　者

2022 年 9 月

目 录

CONTENTS

单元一 电流、电压互感器二次回路认知与检验

任务 1 认知电流互感器二次接线方式

一、学习情境描述

根据某 110 kV 变电站主要设备的电流互感器配置情况，分析不同设备保护、测控的需要，电流互感器的配置方式有何差异。

二、学习目标

（1）知识目标：

① 掌握电流互感器的作用。

② 掌握电流互感器的二次侧额定电流、准确级的选择。

③ 掌握电流互感器二次绕组接线方式。

（2）能力目标：

① 能准确分析 110 kV 变电站主要设备电流互感器的配置情况。

② 能准确分析电流互感器二次侧接地情况。

（3）思政目标：

① 培养分析思考的思维能力。

② 培养团队协作精神。

③ 养成良好的劳动习惯。

三、任务书

（1）认知电流互感器二次绕组接线方式。

（2）分析图 1-1-1 所示某 110 kV 变电站主要设备的电流互感器配置情况。

四、任务咨询

引导问题 1： 常用的电流互感器二次绕组接线方式有三种：完全星形接线、不完全星形接线、三角形接线，分别如图 1-1-2（a）（b）（c）所示，试分析其接线特点及适用范围？

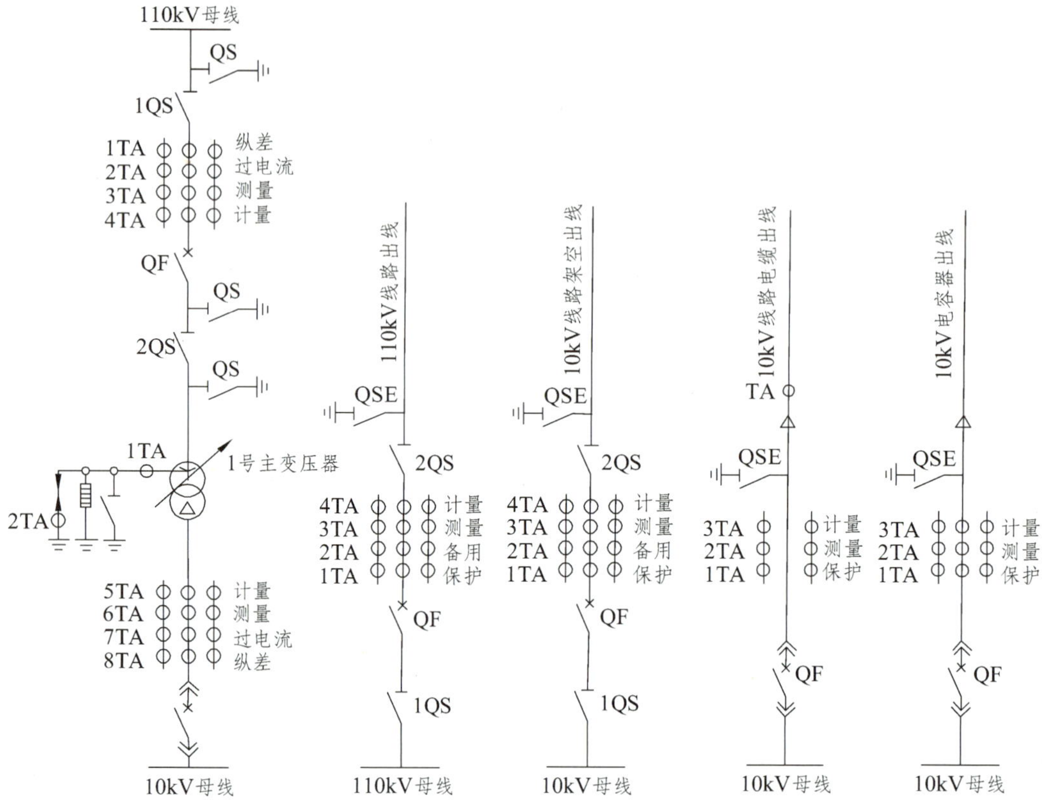

图 1-1-1　某 110 kV 变电站电力设备电流互感器配置图

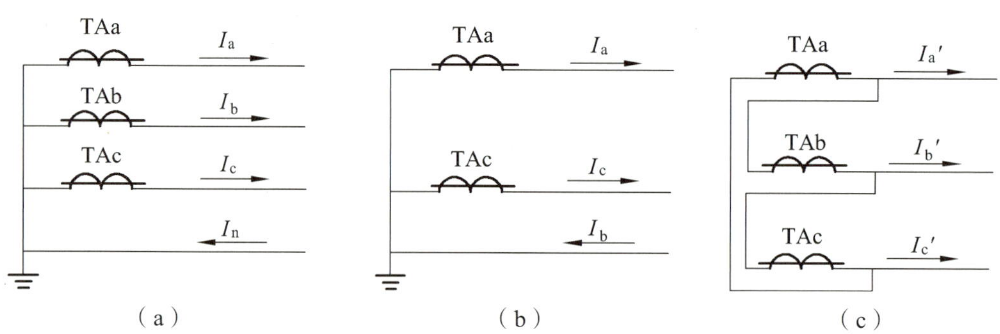

图 1-1-2　电流互感器二次绕组接线类别

答:

引导问题 2： 分析图 1-1-1 中电力设备配置的三相（A、B、C 相）电流互感器与配置两相（A、C 相）电流互感器的差异，分析其中的原因。

答：

引导问题 3： 电流互感器二次侧是否允许开路？在星形接线中，电流互感器二次中性点在不同情况下接地点是否相同？

答：

五、任务实施

（1）观察实训室 110 kV 变电站主接线图。

（2）准备实训室装置图纸、装置说明书。

（3）任务实施。

① 统计实训室变电站主接线图中电流互感器用于哪些回路？

② 分析图 1-1-1 某 110 kV 变电站电力设备电流互感器配置图，思考不同设备保护、测控的需要，电流互感器的配置方式有何不同，并给出结论填入下表 1-1-1 中。

表 1-1-1 任务记录表

电流互感器初步认知	
电流互感器二次绕组接线方式	
电流互感器类型（按用于回路类型分类）	
认知结论	
电流互感器配置分析（两相或三相）	
变压器保护	
电容器保护	
110 kV 线路	
35 kV 线路	
10 kV 线路	
认知结论	

六、工作实施流程

（1）领取任务。

（2）观察主接线图完成电流互感器初步认知。

（3）电流互感器配置分析认知，指导教师讲解及答疑。

（4）分组讨论。

（5）指导老师点评实施情况。

七、评价反馈

（1）学生自评，见附录 1《学生自评表》。

（2）团队互评，见附录 2《团队互评表》。

（3）教师评价，见表 1-1-2。

表 1-1-2　教师评价

序号	作业名称	质量标准	分值	扣分标准	扣分	得分
一、电流互感器初步认知						
1	电流互感器二次绕组接线方式	电流互感器二次绕组接线方式种类及适用范围	15	（1）电流互感器二次绕组接线方式种类遗漏，每个扣 3 分；（2）适用范围错误或遗漏，每个扣 2 分		
2	电流互感器类型（按用于回路类型分类）	电流互感器类型	15	电流互感器类型遗漏，每个扣 3 分		
二、电流互感器配置分析						
1	变压器保护	配置情况分析正确	15	分析错误，每处扣 5 分		
2	电容器保护	配置情况分析正确	15	分析错误，每处扣 5 分		
3	110 kV 线路	配置情况分析正确	15	分析错误，每处扣 5 分		
4	10 kV、35 kV 线路	配置情况分析正确	15	分析错误，每处扣 5 分		
三、认知报告						
1	认知报告	认知结论正确且理由正确充分	10	（1）结论错误，每条扣 1 分；（2）理由错误，每条扣 1 分		
合计			100			
考评员栏		成绩：		考评老师：		

八、相关知识点

知识点 1：电流互感器的作用。

电流互感器（TA）的作用是将一次设备中的大电流转换成供二次设备使用的小电流，其工作原理相当于一个阻抗很小的变压器。电流互感器一次绕组与主电路串联，二次绕组接负荷。

知识点 2：电流互感器的变比。

电流互感器的变比一般为 X：5A，其表示的含义为：

（1）X 不小于该设备可能出现的最大长期负荷电流，如此即可保证一般情况下TA 二次侧电流不大于 5 A；

（2）被保护设备发生短路故障时，在短路电流下不使 TA 饱和的情况下，TA 二次侧电流依然可以按照此变比从一次电流进行折算。

在超高压电厂和变电站中，一次配电装置距离控制室较远，为了增加电流互感器的二次允许负荷，减小连接电缆的导线截面及提高精确等级，多选用二次侧额定电流为 1 A 的电流互感器。相应地，微机型二次设备也应选用额定交流电流为 1 A 的产品。

根据目前新建 110 kV 变电站的规模及布局，绝大多数都是选用二次侧额定电流为5 A 的电流互感器。

知识点 3：电流互感器准确级。

在变电站中，电流互感器用于三种回路：保护回路、测量回路和计量回路，而这三种回路对电流互感器的准确级要求是不同的。最常见的三种准确级就是上面所列的用于保护回路的 10P10 级、用于测量回路的 0.5 级和用于计量回路的 0.2 级。简单地讲，测量、计量级二次绕组着重于精度，即误差要小；保护级二次绕组着重于抗饱和能力，即在发生短路故障时，短路电流超过一次额定电流许多倍的情况下，电流互感器一次侧电流与二次电流的比值仍在一定允许误差范围内接近理论变比。

对于 0.5、0.2 级二次绕组而言，0.5 或 0.2 就是其比值误差，计算公式为

$$(I_A - I_B)/I_B$$

式中，I_A 为二次侧实测电流；I_B 为根据一次侧实测电流和理论变比折算出的理论二次电流。

比值差的最小值分别为 ± 0.5%和 ± 0.2%。需要注意的是，此类电流互感器不保证在短路条件下满足此比值差。

对于保护级（P）的电流互感器而言，准确级分为 5P 和 10P 两种，其额定一次电流下的比值误差是固定的，分别为 ± 1%和 ± 3%；复合误差分别为 5%和 10%。5P20 级的电流互感器的含义可以简单理解为：电流互感器一次电流为 20 倍额定电流时，其二次电流误差为 5%。一般来说，10P 级二次绕组已经能够满足 110 kV 变电站内设备的继电保护需要，至于是 10 倍还是 20 倍过流，需要根据实际的潮流及短路电流计算而确定。

知识点 4：电流互感器二次绕组接线方式的特点。

完全星形接线：三相均配置电流互感器，可以反映单相接地故障、相间短路及三相短路故障。目前，110 kV 线路及变压器、10 kV 电容器等设备配置的电流互感器均采用此接线方式。

不完全星形接线：仅在 A、C 两相配置电流互感器，反映相间短路及 A、C 相接地故障。目前，10 kV 架空线路在不考虑小电流接地选线功能（以下简称选线）的情况下多采用此接线方式，以节省一组电流互感器；否则，必须在三相均配置电流互感器，以获得零序电流实现选线功能。10 kV 线路采用电缆出线方式时，由于配置了专用的零序电流互感器实现选线功能，电流互感器均按不完全星形接线方式配置。

三角形接线：三相均配置电流互感器。在电磁式继电器保护时代，这种接线用于 Yd11 接线的变压器的差动保护的高压侧（即星形侧），使变压器星形侧二次电流相位超前一次电流 30°，从而和变压器低压侧（电流互感器接成完全星形，二次电流与一次电流相位相同）二次电流相位相同。目前，微机型主变差动保护装置本身可以实现因主变压器接线组别造成的相位角差的校正，所以主变压器星形侧和三角形侧电流互感器均采用完全星形接线。电流互感器的三角形接线方式在变电站中已经不再使用。

知识点 5：电流互感器二次侧接地与不接地。

电流互感器的二次侧不允许开路，而且在星形接线中，电流互感器二次侧中性点必须接地，只是在不同情况下的接地点不同。在 110 kV 变电站中，只有主变压器高、低压侧用于差动保护的电流互感器二次绕组是在主变压器保护屏一点接地，其他均是在电流互感器现场接地（按不配置 110 kV 母线差动保护考虑）。

用于元件差动保护的各电流互感器的二次侧必须在一点接地，例如主变压器差动保护、母线差动保护。高压线路差动保护是依靠光纤传输电流量（经过变换以后）进行比对实现的，不是直接由差电流启动保护元件，所以线路两端电流互感器二次侧各自单独接地。

九、拓展思考

用于元件差动保护的各电流互感器的二次侧必须在一点接地，试思考如果在不同两点接地会造成什么后果？

十、思政案例

时代楷模张黎明先进事迹：

张黎明：点亮万家“蓝领工匠”

张黎明是国家电网天津滨海供电公司运维检修部配电抢修一班班长、滨海黎明共产党员服务队队长。他爱岗敬业，工作 30 多年来始终奋战在电力抢修一线，累计巡线 8 万多公里，完成故障抢修作业近 2 万次，被誉为电力抢修的“活地图”。他勇于创新，先后实现技术革新 400 余项，20 多项填补电力行业空白，是知识型、技能型、创新型劳动者的杰出代表。

他甘于奉献，模范践行全心全意为人民服务的根本宗旨，带领黎明共产党员服务队，十年如一日开展学雷锋志愿服务，用爱心搭起了企业与群众的“连心桥”。张黎明曾荣获全国优秀共产党员、全国劳动模范、全国五一劳动奖章、全国职工职业道德建设标兵、全国岗位学雷锋标兵等多项荣誉，是党的十九大代表。

干好本职工作就是对党最大的忠诚

电网抢修不分昼夜，特别是风雨雪雾等恶劣天气，更是要"枕戈待旦”。在张黎明心里，工作永远是第一位的。“我从未关过手机，夜里听到风雨声，就马上穿戴好，把电话握在手中，为的就是能第一时间赶到抢修现场。”翻开抢修工作单，几乎每一项电网抢修任务都有“张黎明”的名字。

2012 年 7 月 26 日，天津地区遭遇暴雨突袭。张黎明正在病房陪伴病危的父亲，窗外的风雨声搅动着他的心。等送饭的妻子来到医院，他马上赶到抢修班，刚进门就接到故障电话，立即出发赶往现场。那一晚，张黎明和同事们在暴雨中奔波近 8 小时，完成报修工作 81 件。

张黎明服务的辖区是天津市滨海新区，作为北方第一个自贸区，落户在这里的世界 500 强企业达 140 多家，确保区域用电安全责任重大。他常对工友们说："干好本职工作就是对党最大的忠诚。

对待工作要讲究，不能将就

张黎明有个爱好，顺着电力设施沿线溜达。溜达的时候，他边走边记，回去后再把一条条线路图精确地绘制下来，对供电线路的全部参数指标、安全状况、沿线环境及用户特点等情况了然于胸。加上长期的抢修实践，他能根据停电范围、天气情况、线路设备健康状况等，迅速判断出事故的基本性质和位置、故障成因和故障点。简单的事情重复做，重复的事情精心做，在长期抢修实践中，他巡线 8 万多公里，亲手绘制线路图 1 500 余张，梳理分析上万个事故隐患，累计完成故障抢修两万余次，积淀出电力一线工人的工匠精神。

30 余年如一日扎根抢修一线，以工匠之心坚守电力工人的初心，张黎明成为电力抢修领域的行家里手。为将自己的绝活儿毫无保留地传授给大家，张黎明总结分析了上万个故障，形成 50 多个案例，编成《黎明急修工作案例库》，同时将其中常用的 11 个抢修小经验、8 大抢修技巧、9 个经典案例印成《抢修百宝书》，使电力抢修更及时、更高效。

张黎明在工作中特别爱较真儿：发明了"黎明急修 BOOK 箱"，将抢修工具定位摆放，省去了翻找时间；优化改进抢修工作流程，将高压故障平均处理时间由 3 小时缩短到 1 小时以内。

"对待工作要讲究，不能将就"张黎明说，践行工匠精神就要有一种传承和担当精神，既要在专业上精益求精，更要在心中有家国情怀，"我要将国家电网的社会责任落到实处，带领更多的队员在奉献社会中实现人生价值。"

把人民群众的小事当作自己最大的事

2016 年 11 月 20 日，一场暴雪不期而至。接到拥军里社区停电报修的电话后，张黎明立即和工友驾车出发。经过火速排查，发现是一段埋在地下的电缆出现故障。排除故障首先要将电线杆上的刀闸断开，可是电线杆已经在风雪中结冰，脚扣难以固定，无法攀爬。经过商议，他们想出一个办法：砸开一段冰层，装上脚扣，3 名抢修队员再用肩膀牢牢顶住脚扣，"搭人梯"托举张黎明用加长至 5 米的拉闸杆上杆作业。风雪正急，寒风刺骨，看着张黎明在这样恶劣的天气下作业，居民们既感动又担心。故障排除后，小区内灯火通明，居民们围在张黎明身边连连道谢，许多人淌下了热泪。

通过这次抢修，张黎明发现社区用电超负荷或遭遇暴雨雷电天气时，线路变压器易发生保险片短路烧毁故障。他和同事们经过反复试验，发明了"可摘取式低压刀闸"，将线路变压器发生保险片短路烧毁故障的抢修时间，从过去约 45 分钟一下子缩短至 8 分钟。这项发明后来获得国家专利并得到广泛推广，仅这一项小革新每年就可创造经济效益 300 多万元。张黎明说：“中国共产党人的初心和使命就是为中国人民谋幸福，我们就是要把人民群众的小事当作自己的大事。”

以队长张黎明名字命名的“黎明共产党员服务队”成立 10 年来，张黎明和伙伴们深入开展“进社区、进企业、进村庄、进校园、进医院”等志愿服务，与 11 个社区 150 余户老弱孤残户建立帮扶关系，累计开展志愿服务近万次，惠及居民 10 万余户。2015 年 3 月的一天，黎明服务队的一位帮扶对象，家住丹东里社区 70 多岁的陈雨兰大娘打来求助电话，说心脏不好受，子女又联系不上。火速赶到现场的张黎明连忙拨打 120 叫救护车，可对方说因为堵车到达丹东里至少需要 20 分钟。时间就是生命，张黎明当即决定：“大娘这情况不能耽误，咱们开车送大娘去医院!甭管有多大责任，我担着!”他将大娘背下楼，和队员们一道将大娘送到附近医院，还帮她垫付了医药费，一直等到大娘脱离危险后才离开。当陈大娘的家人带着锦旗来到服务队，向张黎明和队员们鞠躬致谢时，每个队员都感受到：只有对百姓“心存大爱”，才能在关键时刻敢于担当，才能对得起共产党员服务队这一光荣称号。

任务 2　认知电压互感器二次接线方式

一、学习情境描述

根据某室外配电装置电压互感器二次接线展开图，分析电压互感器在重动和并列中的作用，并完成电压互感器的二次接线方式的认知。

二、学习目标

（1）知识目标：

① 掌握电压互感器的作用。

② 掌握电压互感器的接线方式。

（2）能力目标：

① 具备分析电压互感器二次接线展开图的能力。

② 能够分析电压互感器在重动和并列中的作用。

（3）思政目标：

① 培养分析思考的思维能力。

② 培养团队协作精神。

③ 养成良好的劳动习惯。

三、任务书

（1）认知电压互感器二次接线方式；

（2）分析某室外配电装置电压互感器二次接线展开图，如图 1-2-1 所示。

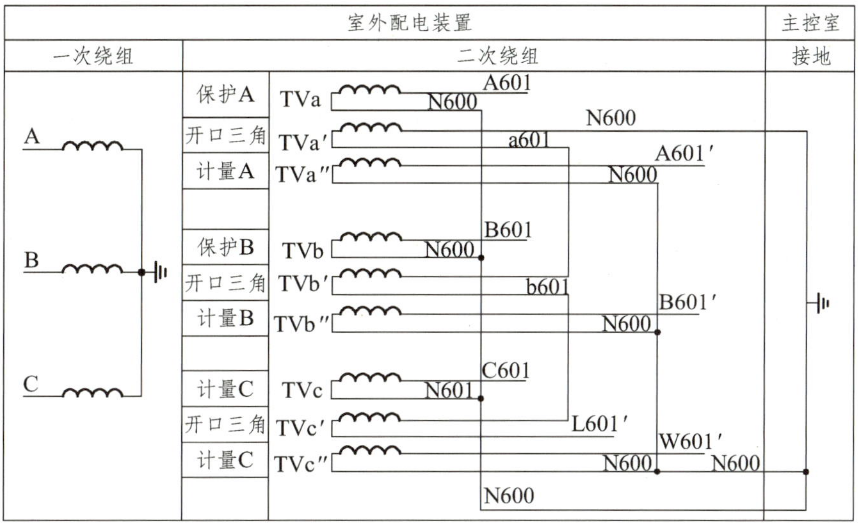

图 1-2-1　电压互感器二次接线展开图

四、任务咨询

引导问题 1：电压互感器的接线方式主要有两种：Vv 接线（不完全三角形接线）和星形/星形（开口三角）接线，分别如图 1-2-2（a）和（b）所示，试分析其接线特点及适用范围？

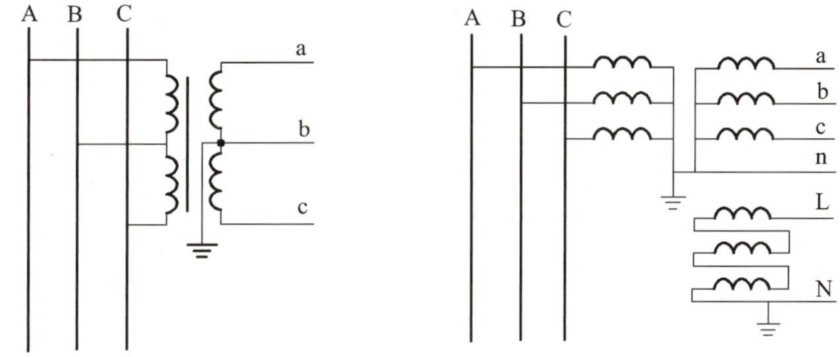

（a）Vv 接线（不完全三角形接线）　（b）星形/星形（开口三角）接线

图 1-2-2　电压互感器接线类别图

答：

引导问题 2：什么是重动？

答：

引导问题 3：什么是并列?

答:

五、任务实施

（1）观察实训室 110 kV 变电站主接线图。

（2）准备实训室装置图纸、装置说明书。

（3）任务实施。

① 观察实训室变电站主接线图，思考电压互感器的作用及接线方式。

② 分析图 1-2-1 电压互感器二次接线展开图，思考用于继电保护和测量、监测零序电压、计量不同情况下电压互感器的二次绕组接线情况以及电压互感器的接地情况分析，并给出结论填入表 1-2-1 中。

表 1-2-1　任务记录表

电压互感器初步认知	
电压互感器的作用	
电压互感器二次绕组接线方式	
认知结论	
电压互感器二次接线展开图识读	
二次绕组接线形式（用于继电保护和测量）	
二次绕组接线形式（用于零序电压监测）	
二次绕组接线形式（用于计量）	
电压互感器一次绕组接地点	
电压互感器二次绕组接地点	
认知结论	

六、工作实施流程

（1）领取任务。

（2）观察主接线图完成电压互感器初步认知。

（3）电压互感器二次接线展开图认知，指导教师讲解及答疑。

（4）分组讨论。

（5）指导老师点评实施情况。

七、评价反馈

（1）学生自评，见附录 1《学生自评表》；

（2）团队互评，见附录 2《团队互评表》；

（3）教师评价，见表 1-2-2。

表 1-2-2　教师评价

序号	作业名称	质量标准	分值	扣分标准	扣分	得分
一、电压互感器初步认知						
1	电压互感器的作用	电压互感器的作用及基本原理	15	（1）电压互感器作用陈述错误，每处扣 3 分； （2）电压互感器基本原理陈述错误，每处扣 2 分		
2	电压互感器二次绕组接线方式	电压互感器二次绕组接线方式种类及适用范围	15	（1）电压互感器二次绕组接线方式种类遗漏，每个扣 3 分； （2）适用范围错误或遗漏，每个扣 2 分		
二、电压互感器二次接线展开图识读						
1	二次绕组接线形式（用于继电保护和测量）	接线形式分析正确	15	分析错误，每处扣 5 分		
2	二次绕组接线形式（用于零序电压监测）	接线形式分析正确	15	分析错误，每处扣 5 分		
3	二次绕组接线形式(用于计量)	接线形式分析正确	15	分析错误，每处扣 5 分		
4	电压互感器一、二次绕组接地点	接地点正确	15	接地点陈述错误，每处扣 6 分		
三、认知报告						
1	认知报告	认知结论正确且理由正确充分	10	（1）结论错误，每条扣 1 分； （2）理由错误，每条扣 1 分		
合计			100			
考评员栏		成绩：		考评老师：		

八、相关知识点

知识点 1：电压互感器的作用。

电压互感器的作用是将一次电压按一定的变比转换成二次电压供二次设备使用，其工作原理与变压器基本相同。电压互感器的一次绕组并连接在主电路上，二次绕组接负荷。

知识点 2：电压互感器接线方式的特点。

Vv 接线为不完全三角形接线，其一次绕组不能接地，二次绕组接地。Vv 接线的特点是：只用两个单相电压互感器就可以获得三个对称的线电压，但是无法得到相对地的电压。Vv 接线以前广泛地应用于各种电测仪表。目前，新建 110 kV 变电站已经不再使用这种接线方式。

星形/星形（开口三角）接线是目前广泛采用的接线方式，其一次绕组和二次绕组均接地。在这种接线方式中，从星形二次绕组可以获得相对地的电压、线电压和相对中性点电压，从开口三角绕组获得零序电压。在电压互感器二次侧，每相均配置三个线圈，取每相的 0.5 级二次线圈接成星形接线，用于提供测量及保护电压；取每相的 0.2 级二次线圈接成星形接线，用于提供计量电压；取每相的 3P 级二次线圈接成开口三角接线，用于提供零序保护电压。

知识点 3：重动和并列。

重动：电压互感器的二次电压在进入二次设备之前必须经过重动装置。所谓重动，就是使用一定的控制电路使电压互感器二次绕组的电压状态（有或无）和电压互感器的运行状态（投入或退出）保持对应关系，避免在电压互感器退出运行时，其二次绕组向一次绕组反馈电压，导致造成人身或设备事故。

并列：当变电站一次主接线为桥形接线、单母线分段接线等含有分段断路器的接线方式时，两段母线的电压互感器二次电压还应经过并列装置，以使某间隔的二次设备在本段母线电压互感器退出运行而分段断路器投入的情况下，可以从另一段母线的电压互感器二次绕组获得电压。

九、拓展思考

试思考保护电压和计量电压的相线在进入电压重动/并列装置之前，为何必须经过开关电器（空气开关或熔断器）？

十、思政案例

全国道德模范盛恩利先进事迹：

盛恩利：舍生忘死的“水火英雄”

盛恩利现任国网眉山市彭山供电公司谢家供电所台区经理班班长，20 多年来，他救过五次火，水中救过三次人，挽救了 9 个人的生命；从保家卫国的铁血军人到真心真情的光明使者，从忠诚坚毅的人民战士到舍生忘死的“水火英雄”，拥有 16 年党龄、

24 年基层工作经验的盛恩利，用生命践行使命、用使命守护生命。他先后荣获第八届全国道德模范、“中国好人”“四川好人”等荣誉称号。

20 多年盛恩利八次救人于水火

2020 年 3 月 28 日，公义镇街道居民岳文洲家中突然失火，104 岁的康佩群老人困在二楼火海中，正在家里维修房顶的盛恩利看见不远处的浓烟，立即放下手中的水泥袋狂奔到现场。职业习惯和长期接受的应急培训让盛恩利第一时间切断该户的供电电源和燃气开关，冒着浓烟将老人背起转移至安全区域。眼见火势越来越大，想到老人家隔壁有大量化学易燃物堆积，没有半点犹豫，盛恩利再一次冲进火海，揭掉屋顶的瓦片，硬是空出了 1 米多宽的防火隔离带，控制住了火势的进一步蔓延。此时，消防队员同时赶到现场，用了 40 分钟将大火全部扑灭。

危急之时，他曾多次挺身而出。20 年前，14 岁的魏军在通济堰边玩耍，一不小心掉进湍急的河流里。正在河边维护电力线路的盛恩利跳入河中，奋力将他救起。1998 年夏天，17 岁的毛永强一个猛子扎进通济堰里，没料到被河底尖利的东西划破了腿，剧烈的疼痛让他不停挣扎。恰巧路过的盛恩利将毛永强救上岸，并脱下衣服为他绑扎伤口。准备拿出手机拨打急救电话时，盛恩利才发现刚刚只顾救人，新买的手机已经泡了水。

郑州特大洪水灾害援豫抢险

2021 年 7 月，郑州的灾情牵动亿万人民的心，也同时纠结着盛恩利的心。7 月 22 日一大早，盛恩利第一时间递交了申请书主动请战，与队友组成援豫应急抢险队，日夜兼程赶赴河南郑州，开展电力抢险抢修工作，成为第一批抢险“先锋队”。到了郑州，抢险队员们顾不上休息就投入到紧张的抢险第一线。橡树玫瑰城小区有住户 4 000 多户，一万余人，盛恩利与队友们迅速来到保电点，快速检查设备、施放电缆、排查故障，当天 12 时 20 分，橡树玫瑰城小区 17 栋到 23 栋一共 7 栋楼 500 户居民就恢复了用电。

在郑州的日子，盛恩利与队友们还参与完成了万和城、河南大学、东熙汇小区的保电工作，用“龙吸水”帮助小区地下车库排水。挎着电工包，走路匆忙，盛恩利逆流抢险保电的背影，成了洪灾前沿最美的光。二十多年里，他救过五次火，水中救过三次人。“不是说我就有什么不得了的，人人都有危难的时候，只要人人都搭把手，没有什么坎过不去。”盛恩利说。

2 700 户居民的“活地图”

在工作上，盛恩利有一股“硬核”的专注劲儿。盛恩利管辖公义镇 23 个台区、2 700 多户用户，每户进出线都在他脑子里。“原来是移动公司架光纤把下户线磨破，这下线损应该不会超了。”2020 年 12 月 15 日，盛恩利从系统中发现管辖的红旗 2 社台区线损 8.06%，超过合格率 0.06%，他立马背上工具包前去巡查，消除了高线损问题。

正是他这种对工作认真负责的劲儿，20 多年来，他分管的台区线损率一直名列供电所前茅，保持在 99%以上，采集成功率保持 100%。去年疫情期间盛恩利负责在他的台区推广网上国网线上服务，仅用两个月就实现了线上缴费率 100%。

任务 3　认知二次回路电缆编号

一、学习情境描述

计划对 110 kV 草堂变电站 110 kV 塘草线线路保护装置 PSL621C 交流回路进行检验，现场一、二次安全措施已布置完成。

二、学习目标

（1）知识目标：

① 掌握二次回路电缆编号原则。

② 掌握常用二次回路电缆号。

（2）能力目标：

① 能判断二次回路电缆的编号正确性。

② 能规范完成二次回路电缆的编号。

（3）思政目标：

① 培养分析思考的思维能力。

② 培养团队协作精神。

③ 养成良好的劳动习惯。

④ 养成良好的劳动习惯。

三、任务书

二次回路电缆的编号正确性判断。

四、任务咨询

引导问题 1：从电缆编号可大概了解电缆去向，电缆编号由两部分组成，如 XX—XXX（X），前部分的 XX 和后部分的 XXX 及（X）分别示什么含义？

答：

引导问题 2：简述主变、线路、电压回路电缆编号规则。

答：

五、任务实施

（1）准备实训室装置图纸、装置说明书。

（2）任务实施。

观察实训室二次回路电缆编号，分析其表示的含义并给出结论填入表 1-3-1 中。

表 1-3-1　任务记录表

二次回路电缆编号规则及含义	
主变	
线路	
母联/分段	
交/直流电源	
电压回路	
母差保护	
备自投	
认知结论	

六、工作实施流程

（1）领取任务。

（2）观察实训室各设备二次回路电缆编号完成初步认知。

（3）指导教师讲解及答疑。

（4）分组讨论。

（5）指导老师点评实施情况。

七、评价反馈

（1）学生自评，见附录 1《学生自评表》。

（2）团队互评，见附录 2《团队互评表》。

（3）教师评价，见表 1-3-2。

表 1-3-2　教师评价

序号	作业名称	质量标准	分值	扣分标准	扣分	得分
一、二次回路电缆编号认知						
1	主变	主变二次回路电缆编号规则及含义	15	(1)主变二次回路电缆编号规则陈述错误，每处扣 3 分； (2)主变二次回路电缆编号含义陈述错误，每处扣 2 分		
2	线路	线路二次回路电缆编号规则及含义	15	(1)线路二次回路电缆编号规则陈述错误，每处扣 3 分； (2)线路二次回路电缆编号含义陈述错误，每处扣 2 分		
3	母联/分段	母联/分段二次回路电缆编号规则及含义	15	(1)母联/分段二次回路电缆编号规则陈述错误，每处扣 3 分； (2)母联/分段二次回路电缆编号含义陈述错误，每处扣 2 分		
4	交/直流电源	交/直流电源二次回路电缆编号规则及含义	15	(1)交/直流电源二次回路电缆编号规则陈述错误，每处扣 3 分； (2)交/直流电源二次回路电缆编号含义陈述错误，每处扣 2 分		
5	电压回路	电压回路二次回路电缆编号规则及含义	10	(1)电压回路二次回路电缆编号规则陈述错误，每处扣 3 分； (2)电压回路二次回路电缆编号含义陈述错误，每处扣 2 分		
6	母差保护	母差保护二次回路电缆编号规则及含义	10	(1)母差保护二次回路电缆编号规则陈述错误，每处扣 3 分； (2)母差保护二次回路电缆编号含义陈述错误，每处扣 2 分		
7	备自投	备自投二次回路电缆编号规则及含义	10	(1)备自投二次回路电缆编号规则陈述错误，每处扣 3 分； (2)备自投二次回路电缆编号含义陈述错误，每处扣 2 分		
二、认知报告						
1	认知报告	认知结论正确且理由正确充分	10	(1)结论错误，每条扣 1 分； (2)理由错误，每条扣 1 分		
合计			100			
考评员栏		成绩：		考评老师：		

八、相关知识点

知识点 1：二次回路中电缆编号说明。

（1）101 ~ 129：继保室至室内和室外配电场所，开头为电流电压电缆编号。

（2）131 ~ 149：继保室之间的电缆编号。

（3）151 ~ 159：室内配电场所之间的电缆编号。

（4）160 ~ 169：电容器（接地变）成套设备电缆编号，160 为电流或者电压电缆编号。

（5）170 ~ 179：主变本体电缆编号，170 为电流电缆编号（零序和间隙用 A、B 加以区分）。

（6）180 A、B、C：户外电流互感器电缆编号。

（7）181 ~ 189：户外配电场所电缆编号（断路器）。

（8）190 A、B、C：户外电压互感器电缆编号。

（9）191 ~ 199：户外配电场所电缆编号（隔离开关）；末位 1 表示 1G，2 表示 2G、3 表示 3G、4 表示 4G、每个机构中的电缆编号加 A、B、C、D、E 用以区分。

知识点 2：二次回路中的电缆规格。

（1）电缆：室内控制电缆 ZR-KVVP，室外控制电缆 ZR-KVVP22；动力电缆：YJV、YJV22；通讯线：计算机线 DJVVP，通讯对时线 RVVP。

（2）常用控制电缆芯数为：4、7、10、14、19。

（3）常用电缆截面积（mm^2）为：1.5、2.5、4、6、10、25、35、70、95。

九、拓展思考

观察实训室各装置电压回路及电流回路，拓展思考电流回路编号原则。

十、思政案例

“时代楷模”钱海军先进事迹：

钱海军：点亮生活的“万能电工”

自 1999 年以来，这名慈溪市供电公司普通电工一直利用业余时间无偿为居民提供电力维修服务，也为许多生活困难的老人送去光明和温暖。二十余年来，他资助贫困学子 27 名，结对困难老人 100 余户；二十余年来，他提供免费电力维修志愿服务 2.5 万小时，惠及 1.3 万人次，带动身边 1 200 多人开展志愿服务 3 600 余次。如今，很多人在他的带动下投身志愿服务。

口口相传的“电力 110”

钱海军个子不高、面庞方正，戴着一副边框眼镜，看起来朴实无华。1998 年 10 月，钱海军从周巷老家搬到中兴小区。有一天，钱海军下班途中遇到社区工作人员。当被问及能否加入社区义工组织为小区居民义务维修电力故障时，钱海军爽快地答应了下来：“没问题，有事尽管叫我好了。第二天，钱海军早早来到浒山街道白果树社区居委会填写了一张申请表，从此他就成了社区的“编外人员”。社区工作人员去居民家中走访、摸底时，总会叫上钱海军。走访过程中看到有需要帮忙的，他都会抢着去做。一次，一位老人家里的日光灯不亮了，正在吃饭的钱海军接到电话，马上放下饭碗赶去修理。技艺娴熟的他很快排除了故障，老人对他赞不绝口，逢人就夸他“水平高、态度好”。

从那以后，社区接到居民求助后，就会联系钱海军。保险丝断了、插座没有电、新买的灯泡不....他们都会找钱海军帮忙。当时，钱海军在慈溪市供电公司下属的大明电气设备成套有限公司上班，每天早上五六点钟就要出门，晚上很晚才回来。然而，不管工作多忙，他下班后准去解决当天居民求助的问题，碰到实在棘手的问题，就利用周末时间处理。很长一段时间，居民们都误以为，这位认真负责的小钱师傅是社区的专职电工。

志愿服务带头人

“就在那时，我发现身边空巢、失独、孤寡老人较多，想帮帮他们。”钱海军告诉记者。

他自费制作了500张名片，利用社区服务的机会把名片送到老人手中，告诉老人有需要可以随时联系。

二十余年来，为了让老人们能第一时间找到他，钱海军从未换过手机号码，手机保持24小时开机。

二十余年来，钱海军结对帮助过100多位空巢、孤寡、失独老人。只要老人一个电话，不论刮风下雨，他都会用最快速度赶到。针对老年人的用电习惯和需求，他还自学了电视机、洗衣机、电磁炉等常用家电维修技能。

服务的时间长了，钱海军车子的后备箱俨然成为一个维修用的“百宝箱”，里面放着日光灯、启辉器、开关、插座、螺丝等各种设备备件。这些材料设备都是他自掏腰包买的，从不收老人一分钱。

每逢周末，只要没有抢修任务，他就会抽时间去陪伴社区里认识的孤寡老人，同他们聊天解闷，帮助他们解决一些生活困难。他已有五六个年头没和家人一起过年了。

在钱海军服务过的老人中，有一位名叫赵金伏的新四军老战士，已是耄耋之年。他曾经对钱海军说：“当年，我打仗的时候是扛着枪冲在前面，现在你是拎着工具箱冲在为人民服务的前面，我们都是真正的共产党员。”

点一盏灯

2015年3月5日，慈溪市钱海军志愿服务中心在慈溪市民政局完成注册，成为具备独立法人资格的民间公益组织。

如今，该服务中心已发展了25支志愿服务分队，拥有在册志愿者1 219名。500余名社会志愿者以及掌起阳光托养中心、慈溪市消防中队、周巷职高、宁波大学科学技术学院、古塘街道义工银行等16家集体志愿者，更是参与共铸了“钱海军”公益慈善品牌。

2015年，在钱海军的建议下，国网慈溪市供电公司启动“千户万灯”残疾人贫困户室内照明线路改造项目。项目以“走千户、修万灯、暖人心”为初衷，为当地1 200多户残疾人贫困户家庭提供安全稳定的用电环境。

2017 年，有的援藏志愿者发现当地一些贫困家庭用电隐患突出。钱海军得知后，决定把“千户万灯”照亮计划带往雪域高原。

自启动以来，“千户万灯”照亮计划遍及浙江、西藏、吉林、贵州、四川，累计走访，上万贫困户，改造 6 047 户，行程 20 余万公里，惠及 6 万余人。“作为一名具备专业技能的志愿者，我希望不只是做一名‘点灯人’，更能使这盏灯成为百姓身边的‘长明灯’。”钱海军说。

任务 4　电流互感器极性检验

一、学习情境描述

计划对 10 kV 电流互感器进行极性测试，现场一、二次安全措施已布置完成。

二、学习目标

（1）知识目标：

① 掌握 10 kV 电流互感器铭牌参数的含义。

② 掌握 10 kV 电流互感器一次绕组的极性端和非极性端的标识及安装位置。

③ 掌握 10 kV 电流互感器二次绕组个数、极性端和非极性端的标识及接线位置。

（2）能力目标：

① 能正确完成 10 kV 电流互感器极性测试的试验接线。

② 能正确完成 10 kV 电流互感器极性测试，并对测试结果进行分析。

（3）思政目标：

① 了解专业规程规范：《DL/T 995—2016 继电保护和电网安全自动装置检验规程》；《DL/T 478—2013 继电保护和安全自动装置通用技术条件》；《GB/T 7261—2008 继电保护和安全自动装置基本试验方法》。

② 培养严谨认真的工作作风。

③ 培养团队协作精神。

④ 养成良好的劳动习惯。

三、任务书

10 kV 电流互感器极性检验报告单。

四、任务咨询（回路认知）

引导问题 1：观察图 1-4-1，说明电流互感器一次的安装位置。

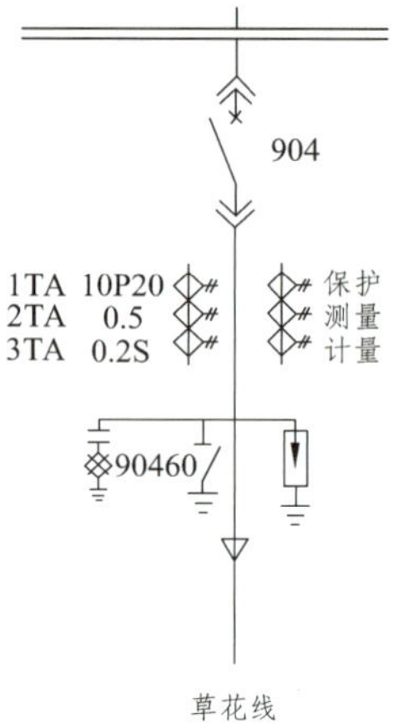

图 1-4-1　说明电流互感器一次的安装位置

引导问题 2：观察图 1-4-2，说明 10 kV 电流互感器一次绕组的安装位置（P1 和 P2）。

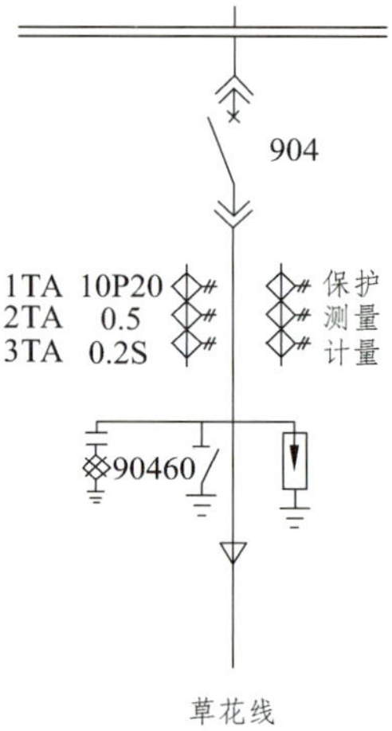

图 1-4-2　说明 10 kV 电流互感器一次绕组的安装位置

引导问题 3：观察图 1-4-3，说明 10 kV 电流互感器二次绕组个数。

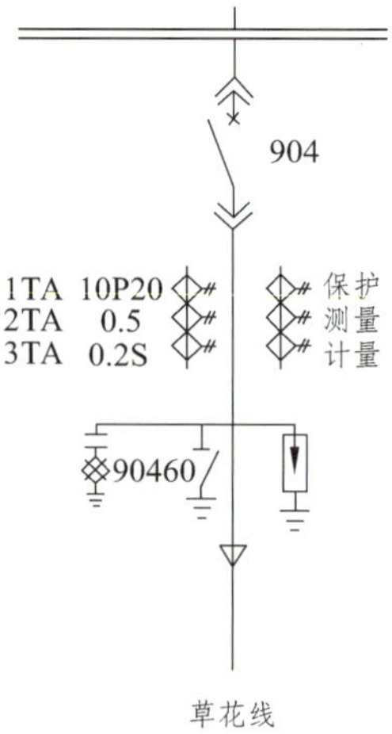

图 1-4-3　说明 10 kV 电流互感器二次绕组个数

引导问题 4：每个二次绕组依次进行极性测试，如果检测图中 1TA 二次绕组时，2TA、3TA 二次绕组应短接，为什么？

答：

五、任务实施

（1）完成现场一次、二次安全措施布置。相邻设备前后悬挂“运行设备”红布帘，工作地点装设围栏，悬挂“在此工作”标识牌。

（2）工器具、资料准备：电流互感器综合测试仪（含试验线若干和说明书）、万用表、一字螺丝刀、绝缘胶布、装置图纸、装置说明书。

（3）任务实施。

① 认知铭牌参数，并填入表 1-4-1 中。

表 1-4-1　任务记录表 1

型号	变比	共有几个二次绕组（记录二次绕组端子编号）	精确度	备注

② 进行一次绕组试验接线，并在操作后在表 1-4-2 中打√。

表 1-4-2　任务记录表 2

操作项目	操作后打√
一次绕组极性端安装位置	靠母线侧（　）　靠线路侧（　）
选择试验线	粗（　）　细（　）
红色试验线接互感器一次绕组位置	P1（　）　P2（　）
黑色试验线线接互感器一次绕组位置	P1（　）　P2（　）
接线后再次检查	（　）

③ 进行二次绕组试验接线，并在操作后在表 1-4-3 中打√。

表 1-4-3　任务记录表 3

操作项目	操作后打√
选择试验线	粗（　）　细（　）
未测试二次绕组接线	已短接（　）　未短接（　）
测试二次绕组极性端接线	（X）S1（　）
测试二次绕组非极性端接线	（X）S2（　）
接线后再次检查	（　）
说明：X 处需填写测试的绕组是第几个二次绕组。	

④ 记录测试仪数据并填入下表 1-4-4 中。

表 1-4-4　任务记录表 4

项目	内容
选择菜单	
一次绕组加量	
测试结果	
结论	

⑤ 填写测试记录表（见表 1-4-5）。

表 1-4-5　TA 变比极性记录表

安装地点　____kV____站_______间隔　　　　试验日期　_____年___月___日

<table>
<tr><td rowspan="2">一次极性</td><td colspan="3" rowspan="2">P1 母线侧（　）
P1 线路/元件侧（　）</td><td colspan="2" rowspan="2">一次接线方式</td><td colspan="4" rowspan="2">C1-C2 串联（　）
P1-C1，P2-C2 并联（　）</td><td colspan="2">设备型号</td><td colspan="2"></td></tr>
<tr><td colspan="2">制造厂家</td><td colspan="2"></td></tr>
<tr><td rowspan="4">TA参数</td><td>接线组别</td><td>1S1-1S2</td><td>1S1-1S3</td><td>2S1-2S2</td><td>2S1-2S3</td><td>3S1-3S2</td><td>3S1-3S3</td><td>4S1-4S2</td><td>4S1-4S3</td><td>5S1-5S2</td><td>5S1-5S3</td><td>6S1-6S2</td><td>6S1-6S3</td></tr>
<tr><td>准确等级</td><td></td><td></td><td></td><td></td><td></td><td></td><td></td><td></td><td></td><td></td><td></td><td></td></tr>
<tr><td>额定负载</td><td>VA</td><td>VA</td><td>VA</td><td>VA</td><td>VA</td><td>VA</td><td>VA</td><td>VA</td><td>VA</td><td>VA</td><td>VA</td><td>VA</td></tr>
<tr><td>额定变比</td><td>/</td><td>/</td><td>/</td><td>/</td><td>/</td><td>/</td><td>/</td><td>/</td><td>/</td><td>/</td><td>/</td><td>/</td></tr>
<tr><td colspan="8">TA 二次接线示意图</td><td colspan="2">断路器厂家</td><td colspan="4"></td></tr>
<tr><td colspan="8" rowspan="13">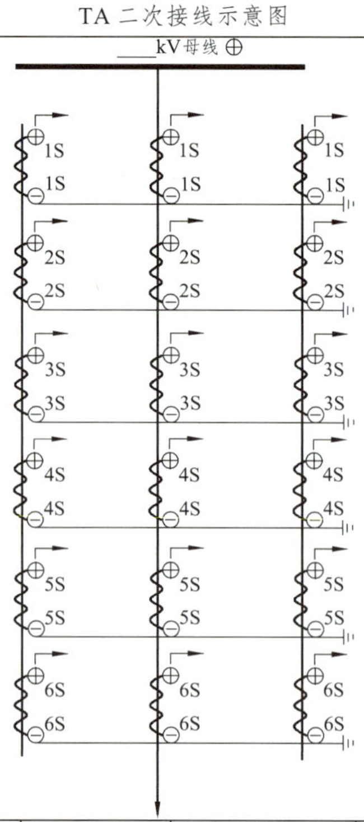
</td><td colspan="2">断路器型号</td><td colspan="4"></td></tr>
<tr><td colspan="4">极性检查内容</td><td colspan="2">确认</td></tr>
<tr><td colspan="4">一次极性应以母线侧为“+”</td><td colspan="2"></td></tr>
<tr><td colspan="4">标出各 TA 二次首尾与极性</td><td colspan="2"></td></tr>
<tr><td colspan="4">记录一次及 TA 相别</td><td colspan="2"></td></tr>
<tr><td colspan="4">记录 TA 在断路器何侧</td><td colspan="2"></td></tr>
<tr><td colspan="4">TA 至端子箱电流回路正确性检查</td><td colspan="2"></td></tr>
<tr><td colspan="4">电流回路端子箱处一点接地可靠性检查</td><td colspan="2"></td></tr>
<tr><td colspan="4">TA 抽头对应的电流使用情况正确性检查</td><td colspan="2"></td></tr>
<tr><td colspan="4">电流回路绝缘性检查</td><td colspan="2"></td></tr>
<tr><td colspan="4">电流回路完整性检查</td><td colspan="2"></td></tr>
<tr><td colspan="4">绘出 TA 二次接线方式</td><td colspan="2"></td></tr>
<tr><td colspan="6">备注：</td></tr>
<tr><td colspan="2" rowspan="2">使用变化</td><td colspan="2">调度通知</td><td colspan="2">计量通知</td><td colspan="2" rowspan="2">试验人</td><td colspan="2" rowspan="2"></td><td colspan="2">工作负责人</td><td colspan="2"></td></tr>
<tr><td colspan="2">/</td><td colspan="2">/</td><td colspan="2">校核人</td><td colspan="2"></td></tr>
</table>

六、工作实施流程

（1）领取任务：按组分配工位，每组一个工位完成任务。

（2）工作前准备：

① 人员准备：指导教师为安全监护人，组长为工作负责人，其余人员为工作成员，工作人员应清楚工作内容、安全措施，精神状态正常，无妨碍工作的病症。

② 危险点分析，安全预控措施：检查现场符合工作条件，分析本次工作危险点并做好相应预控措施，布置现场一次安全措施。

（3）工作人员穿着工作服。

（4）装置设置：实际的工作环境是单独的电流互感器放在绝缘垫上。假定的工作环境是一次断路器停电检修状态（电流互感器在高压柜里）。

（5）检验准备：实际的工作环境，检查工位相关安全措施是否执行到位、工器具是否准备完备。（假定的工作环境，检查 10 kV 断路器停电检修状态，可以进入 10 kV 高压柜进行电流互感器极性测试工作。）

① 10 kV 电流互感器铭牌参数记录及一次绕组极性端安装位置记录（按实际被测试电流互感器铭牌参数填入表 1-4-6 中）：

表 1-4-6　铭牌参数记录表

<table>
<tr><td rowspan="2">一次极性</td><td colspan="3">P1母线侧（√）</td></tr>
<tr><td colspan="3">P1线路/原件侧（　）</td></tr>
<tr><td rowspan="4">TA参数</td><td>接线组别</td><td>1S1-1S2</td><td>1S1-1S3</td></tr>
<tr><td>准确等级</td><td>0.5</td><td></td></tr>
<tr><td>额定负载</td><td>10VA</td><td>VA</td></tr>
<tr><td>额定变化</td><td>100/5</td><td></td></tr>
</table>

② 试验接线。

③ 测试仪加量（一次绕组通入的电流）。

根据实际被测试电流互感器的变比，测试仪输出至电流互感器一次绕组电流。（在实操过程中，要求学员输出电流不能太大，建议给 10 A 以下）。

④ 测试结果分析：

打印测试结果为：减极性，满足减极性原则。

⑤ 检验完成。

试验结束后，记录试验数据。清理现场，恢复现场安全措施，整理工器具和

七、评价反馈

（1）学生自评，见附录 1《学生自评表》。

（2）团队互评，见附录 2《团队互评表》。

（3）教师评价，见表 1-4-7。

表 1-4-7　教师评价表

序号	作业名称	质量标准	分值	扣分标准	扣分	得分
一、准备工作						
1	着装穿戴	安全帽、工作服、绝缘鞋穿戴正确	5	（1）未穿安全帽、工作服、工作鞋，扣 5 分； （2）着装穿戴不规范，每处扣 1 分		
2	工器具检查	检查工器具齐全，符合使用要求	5	工器具选择不正确、未检查，每个扣 1 分		
3	工作票办理	按照规范办理工作票（口述）	5	（1）未办理工作票该项，扣 3 分； （2）未到现场检查安全措施，扣 2 分		
二、工作过程						
1	记录电流互感器参数	（1）记录电流互感器一次绕组安装位置； （2）记录电流互感器铭牌参数； （3）记录电流互感器二次绕组个数；	15	（1）未记录电流互感器一次绕组安装位置，扣 5 分； （2）未记录电流互感器铭牌参数，扣 5 分； （3）未记录电流互感器二次绕组个数，扣 5 分；		
2	试验接线	（1）测试仪接地； （2）测试仪一次绕组接线； （3）测试仪二次绕组接线； （4）电流互感器未测试二次绕组短接；	20	（1）测试仪未接地，扣 5 分； （2）测试仪一组绕组接线不正确，每处扣 5 分； （3）测试仪二次绕组接线不正确，每处扣 5 分； （4）电流互感器未测试二次绕组未短接，扣 5 分		
3	测试仪加量	（1）正确选择测试仪菜单； （2）测试仪参数设置正确； （3）测试仪一次绕组输出电流正确	20	（1）未正确选择测试仪菜单，扣 5 分； （2）测试仪参数设置不正确，扣 5 分； （3）未正确给定一次绕组电流值，扣 10 分		
4	测试结果分析	对测试结果进行分析应正确	5	未正确对测试结果进行分析，扣 5 分；		
5	现场恢复	（1）试验接线恢复； （2）工具器摆放整齐；	10	（1）未拆除试验接线，扣 6 分； （2）工器具未摆放整齐扣 4 分		
6	试验报告	（1）记录完整； （2）试验结论。	10	（1）记录不完整，一处扣 2 分，扣完为止； （2）未写试验结论，扣 5 分		
三、工作终结						
1	工作票终结	办理工作票终结（口述）	5	未办理工作票终结，扣 5 分		
合计			100			
考评员栏		成绩：		考评老师：		

八、相关知识点

知识点 1：电流互感器减极性是什么意思？什么是二次绕组正抽和反抽？

电流互感器的减极性：如图 1-5-1 所示，当使一次电流自 P1 端流向 P2 时，二次电流自 S1 端流出经外部回路到 S2。P1 和 S1，P2 和 S2 分别为同极性端。反之，则为加极性。从 S1 输出，通过二次接线接至二次装置的极性端输入，再从二次装置非极性端（N）输出接回 S2，叫正抽。反之，从 S2 输出至二次装置的极性端输入，再从二次装置非极性端（N）输出接回 S1，叫反抽。应根据现场实际情况，设计二次绕组的正抽还是反抽。

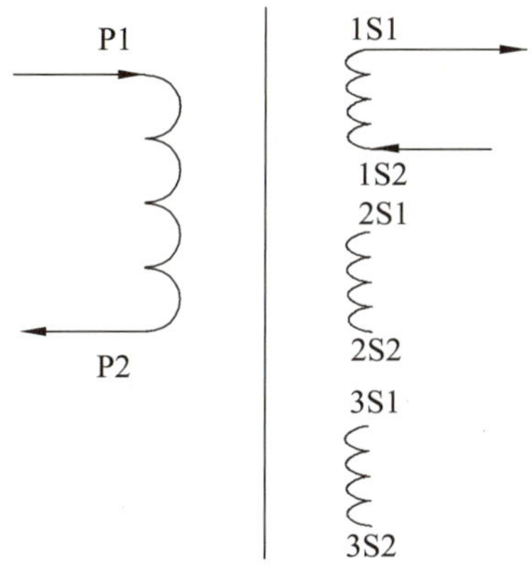

图 1-5-1　电流互感器的减极性

知识点 2：做试验时，未测试的二次绕组应短接，严禁电流回路开路。电流互感器二次绕组为什么不能开路？

二次绕组开路时，二次产生数千伏电压，高电压可能击穿电流互感器的绝缘，使整个配电设备外壳带电，也可能让检修人员触电，有生命危险。

九、拓展思考

（1）带方向的保护，如① 10 kV 线路光纤差动保护，电流流入线路为正，流出线路为负；② 如主变差动保护，各侧流入主变的电流为正，流出主变的电流为负，为保证电流方向的正确性，我们首先要保证电流互感器极性的正确性，试分析电流互感器一次绕组安装位置，电流互感器减极性原则和保护方向的关系。

（2）110 kV 内桥接线变电站，两台主变。其 110 kV 内桥开关 CT 的两个二次绕组分别接入两台主变的差动保护中，试分析 110 内桥开关 CT 的这两个二次绕组是正抽还是反抽。

任务 5　带负荷测试检验

一、学习情境描述

（1）计划对 110 kV 线路保护进行带负荷测试。

（2）计划对 110 kV 主变差动保护进行带负荷测试。
（3）计划对 110 kV 母线差动保护进行带负荷测试。

二、学习目标

（1）知识目标：
① 掌握 110 kV 线路保护带负荷测试的方法。
② 掌握 110 kV 主变差动保护带负荷测试的方法。
③ 掌握 110 kV 母线差动保护带负荷测试的方法。
（2）能力目标：
① 能对带负荷测试的结果进行分析。
② 能对不正确的测试结果进行故障判断。
（3）思政目标：
① 了解专业规程规范：《DL/T 995—2016 继电保护和电网安全自动装置检验规程》；《DL/T 478—2013 继电保护和安全自动装置通用技术条件》；《GB/T 7261—2008 继电保护和安全自动装置基本试验方法》。
② 培养严谨认真的工作作风。
③ 培养团队协作精神。
④ 养成良好的劳动习惯。

三、任务书

（1）对 110 kV 线路保护进行带负荷测试。
（2）对 110 kV 主变差动保护进行带负荷测试。
（3）对 110 kV 母线差动保护进行带负荷测试。

四、任务咨询

引导问题 1：《十八项反措》对带负荷测试的要求是什么？

所有保护用电流回路在投入运行前，除应在负荷电流满足电流互感器精度和测量表计精度的条件下测定变比、极性以及电流和电压回路相位关系正确外，还必须测量各中性线的不平衡电流（或电压），以保证保护装置和二次回路接线的正确性。

引导问题 2：《DL-T 995—2016 继电保护和安全自动装置检验规程》对带负荷的要求是什么？

新安装或经更改的电流、电压回路，应直接利用工作电压检查电压二次回路，利用负荷电流检查电流二次回路接线的正确性。

引导问题 3：主变差动保护带负荷前，差动保护功能压板应断开吗？

主变差动保护在带负荷前，应退出差动保护功能，避免电流二次接线错误导致差动保护误动的情况。带负荷测试结果分析正确无误后，经请示调度员再投入差动保护功能。

五、任务实施

（1）完成现场安全措施布置。

（2）工器具、资料准备：钳形电流相位表（包含配套的电流钳和电压试验接线）、装置图纸、带负荷测试记录单。

（3）带负荷测试记录单（见表 1-5-1）：

表 1-5-1　继电保护装置带负荷测试记录

____站____路____保护、试验日期____年__月__日

各侧	侧			侧			侧			差电源	A
相别	A	B	C	A	B	C	A	B	C		B
电流（装置）											C
电流（相位表）											
角度（装置）											
角度（相位表）											

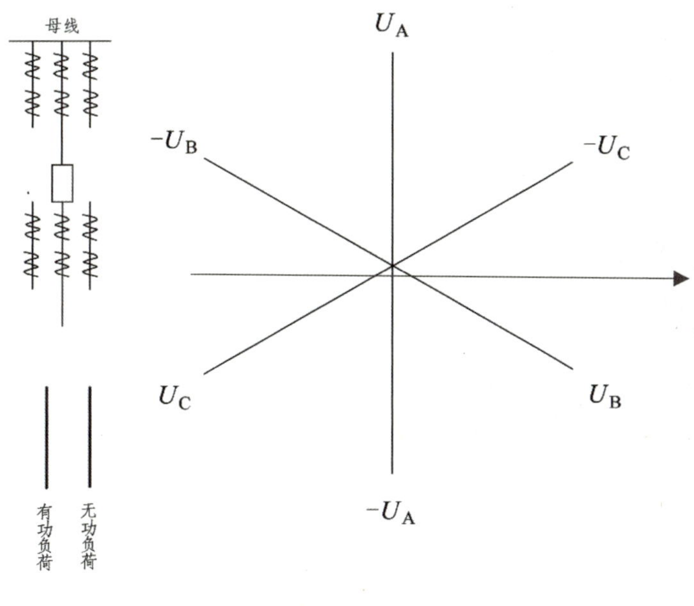

钳形相位表计接线方式	电流通道：	现场负荷情况			
	电压通道：	相别	A	B	C
		电流表			
结论		有功表			
		无功表			
测量人		工作负责人		校核人	
备注					

注：线路保护带负荷测试、主变保护带负荷测试、母线保护带负荷测试均可使用该表。

六、工作实施流程

（1）领取任务：按组分配屏位，每组一个屏位完成任务。

（2）工作前准备：

① 人员准备：指导教师为安全监护人，组长为工作负责人，其余人员为工作成员，

工作人员应清楚工作内容、安全措施，精神状态正常，无妨碍工作的病症。

② 危险点分析，安全预控措施：检查现场符合工作条件，分析本次工作危险点并做好相应预控措施。

（3）工作人员穿着工作服。

（4）装置设置：

① 110 kV 线路已带负荷，110 kV 线路保护可进行带负荷测试。

② 110 kV 主变（两圈变）已带负荷，主变差动保护可进行带负荷测试。

③ 110 kV 母线（线路支路和分段、主变支路）已带负荷，母线保护可进行带负荷测试。

（5）110 kV 线路保护带负荷测试。

① 线路保护带负荷测试；确认负荷的性质（有功、无功大小）。

② 记录装置显示的保护电流、电压幅值和相位；

③ 钳形电流相位表的通道选择：如图 1-5-2 所示，通道 1 接电压 A 相，通道 2 接电流钳，用电流钳依次测量保护电流的 A、B、C 三相和 N 相，记录幅值和相位。（显示的相位值为 1 通道超前 2 通道的相位）

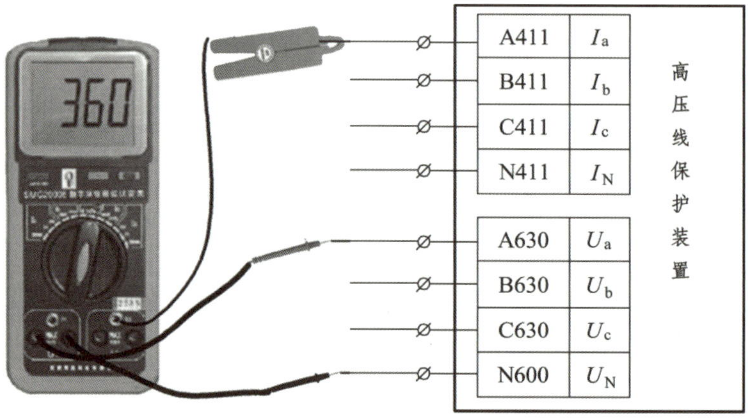

图 1-5-2　钳形电流相位表的通道选择

④ 填写记录单，绘制向量图（见图 1-5-3），分析结果正确性：根据一次系统实际潮流情况，对照向量图确定接入保护装置的电压、电流幅值和相位是否正确。三相电流为正序，大小相等，尤其应核算其 CT 变比与实际变比是否一致，零序电流应为一极小的不平衡电流值（受负荷大小与系统不平衡度和互感器误差等因素影响，正常为几十毫安）。记录单中，A 相电压为 90°，以 A 相电流为例，根据钳形电流相位表测得的相位值画出 A 相电流的位置。线路保护的方向是指向线路为正，所以当 A 相电流处于一象限时，表明往线路上送出有功送出无功（双送）；当 A 相电流处于二象限时，表明往线路上送出有功，接受线路无功（送有功受无功）；当 A 相电流处于三相限时，表明接受线路的有功和无功（双受）；当 A 相电流处于四象限时，表明接受线路的有功，往线路上送出无功（受有功送无功）。

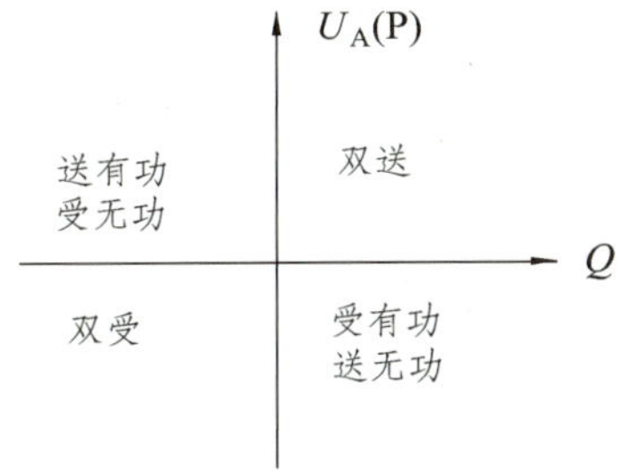

图 1-5-3　绘制向量图

（6）110 kV 主变（两圈变）差动保护带负荷测试。

① 记录主变的铭牌参数和各侧 CT 变比、保护型号。（钟点数、额定容量、各侧额定电压，各侧 CT 变比、差流的计算公式）。

② 确认负荷的性质（有功、无功大小）。

③ 记录装置显示的各侧差动保护电流幅值和相位以及差流的幅值。

④ 钳形电流相位表测试方法和线路基本相同。通道 1 接主变高压侧电压 A 相，通道 2 接电流钳，用电流钳依次测量差动保护高压侧电流的 A、B、C、N 相和低压侧电流 A、B、C、N 相，记录幅值和相位。（显示的相位值为 1 通道超前 2 通道的相位）。均为正序，幅值正确。

⑤ 填写记录单，绘制向量图，分析结果正确性：高压侧电压 A 相画在 90°方向，差动保护规定各侧指向变压器为正，所以高压侧电流 A 相落在第几象限的分析方法和线路带负荷测试分析方法一致。又例如变压器为 11 点钟接线，则，同名相电流的相位关系是高压侧超前低压侧 150°。差流计算可以用 I_e 来计算比较方便，因为差动保护其实是利用功率平衡的原理，高压侧流进多少 I_e，低压侧就流出多少 I_e，各侧用各侧的 I_e。

（7）110 kV 母线差动保护带负荷测试。

① 记录母线保护各支路和母联（分段）的 CT 变比、保护型号。

② 记录装置显示的各支路和母联（分段）的 A、B、C、N 相电流幅值和相位；记录装置的小差差流和大差差流。

③ 钳形电流相位表测试方法：需要说明的是，首先分别测试各支路和母联（分段）电流为正序，N 相电流正抽，三相大小相等，则后面测试相位和绘制向量图时，只利用 A 相即可。第二步钳形电流相位表的通道 1 接支路 1 的电流 A 相，记录幅值，通道 2 分别测试其他支路和母联（分段）A 相，记录幅值和相位（显示的相位值为 1 通道超前 2 通道的相位）。

④ 填写记录单，绘制向量图，分析结果正确性：支路 1 的 A 相电流为基准（可画在 0°），其余支路和母联（分段）与支路 1 是同向或者反向的关系，如果各支路和母联（分段）的变比不一致，应先按变比系数折算，再画图。先画 1 母小差向量图，再画 2 母小差向量图，最后画大差向量图，计算结果约为 0 即正确。

七、评价反馈

（1）学生自评，见附录 1《学生自评表》。

（2）团队互评，见附录 2《团队互评表》。

（3）教师评价，见表 1-5-2。

表 1-5-2 教师评价表

序号	作业名称	质量标准	分值	扣分标准	扣分	得分
一、准备工作						
1	着装穿戴	安全帽、工作服、绝缘鞋穿戴正确	5	（1）未穿安全帽、工作服、工作鞋，扣 5 分； （2）着装穿戴不规范，每处扣 1 分		
2	工器具检查	检查工器具齐全，符合使用要求	5	工器具选择不正确、未检查，每个扣 1 分		
3	工作票办理	按照规范办理工作票（口述）	5	（1）未办理工作票该项，扣 3 分； （2）未到现场检查安全措施，扣 2 分		
二、工作过程						
1	CT 相关数据	（1）记录一次线圈的极性端位置； （2）记录 CT 变比； （3）记录相关参数	15	记录错误，一处扣 2 分，扣完为止		
2	装置数据记录	正确记录保护装置的数据；	15	记录不正确，每项扣 3 分，扣完为止；		
3	试验接线	（1）钳形电流相位表 1 通道正确接线； （2）钳形电流相位表 2 通道正确接线；	15	接线不正确，一处扣 4 分		
4	填写记录单	（1）正确记录参数； （2）正确画出向量图； （3）正确填写测试结果；	35	（1）未正确记录相关参数，漏一处扣 5 分； （2）向量图不正确，扣 20 分； （3）测试结果不正确扣 10 分		
三、工作终结						
1	工作票终结	办理工作票终结（口述）	5	未办理工作票终结，扣 5 分		
合计			100			
考评员栏		成绩：		考评老师：		

八、相关知识点

知识点 1：

某 220 kV 站 110 kV 甲线线路新投带负荷测试，受有功送无功。其 CT 变比为 600/5，CT 一次极性端靠母线侧，二次极性端正抽，如表 1-5-3 所示为保护装置带负荷测试数据。

UA 接钳形电流相位表 1 通道，其余接相位表 2 通道。表 1-5-3 相位度数表示以 U_A 为基准，1 通道超前 2 通道的相位。

表 1-5-3　保护装置带负荷测试数据

	I_A	I_B	I_C	N	U_A	U_B	U_C
幅值	0.84 A	0.85 A	0.86 A	10.5 mA	62.25	62.32	62.18
相位/度	165	286	48		0	120	240

① 如图 1-5-4，画出线路保护带负荷测试六角图。

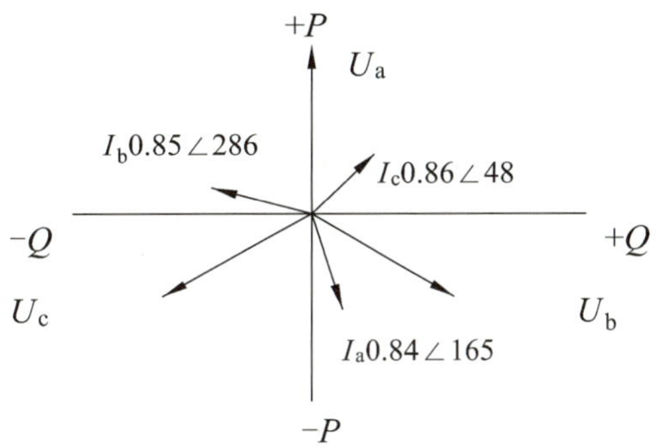

图 1-5-4　线路保护带负荷测试六角图

② 计算线路实际有功功率、无功功率并判断功率方向。

$$P=\sqrt{3}\times U\times I\times\cos165^\circ=-19.97\ \text{MVA}$$

$$Q=\sqrt{3}\times U\times I\times\sin165^\circ=5.66\ \text{MVA}$$

功率方向为有功功率流入、无功功率流出。

③ 判断线路保护带负荷测试是否正确：

测试结果为受有功送无功，测试结果正确。

知识点 2：

有一新建 110 kV 线路送电进行带负荷测试，已知对侧变电站带有 4 Mvar 的电容共计 4 组，调度下达的线路开关变比为 600/5，在忽略线路充电功率及其他损耗的情况下，测试结果如表 1-5-4 所示，钳形电流相位表 1 通道接电压 U_A，2 通道接电流（1 通道超前 2 通道）。试分析线路保护电流二次回路接线有无问题。

表 1-5-4　测试结果数据

名称	采样值	名称	采样值
I_A	0.7 A	U_A-I_A	270°
I_B	0.7 A	U_A-I_B	30°
I_C	0.35 A	U_A-I_C	150°
$3I_0$	0.35 A		

① 如图 1-5-5 所示，画出向量图。

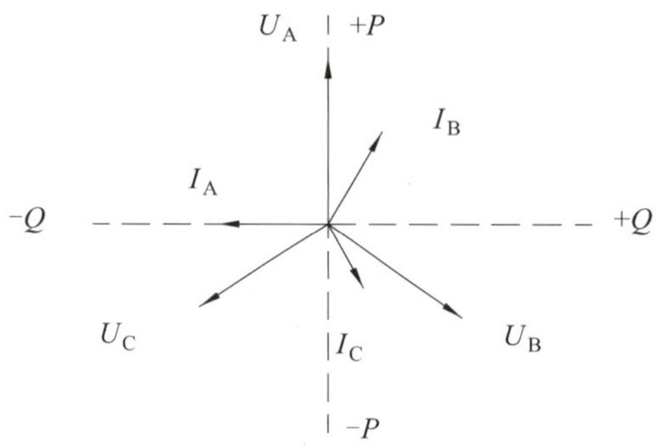

图 1-5-5　向量图

② 确定一次系统实际潮流功率流向及大小：

计算一次电流值：

$$S = \sqrt{3}UI$$

$$I_1 = \frac{S}{\sqrt{3}UI} = 4\,000 \times \frac{4}{1.732 \times 220} = 42\text{ A}$$

由于对侧负荷为纯容性功率，本侧潮流情况为有功功率为 0，从系统吸收无功功率。即电流电压之间相角应为电流超前电压 90°。

③ 计算二次电流值：

$$I_2 = \frac{I_1}{n} = \frac{42}{600/5} = 0.35\text{ A}$$

从二次电流理论计算值与测试结果比较可知，C 相电流结果正确，A 相电流和 B 相电流结果不正确。

计算 A、B 相实际变比：

$$n = \frac{42}{0.7} = 60 = \frac{300}{5}$$

由此可知，A、B 相 CT 变比错误，调度要求为 600/5，实际接成了 300/5，应改变 CT 的二次抽头或一次串并联方式，使之改正为 600/5。

④ 判断电压电流相位是否正确。

从矢量图可以看出，A、B、C 各相电流与电压之间的相角均互差 120°，且同名相电流均超前电压 90°，功角关系符合一次侧潮流流向。

知识点 3：

主变保护带负荷测试。1 通道接高 U_A，相位为 1 通道超前 2 通道的相位。如表 1-5-5 所示，输送参数为 P：20 MW；Q：6 Mvar；S：21 MVA；TA 变比：高 600/5，低 6 000/5；平衡系数：0.477；额定电压比：220/10.5 kV；PST1 200U；$I_{da} = 0$；$I_{db} = 0.92$；$I_{dc} = 0$。

表 1-5-5　测试数据

	高 I_A	高 I_B	高 I_C	低 I_A	低 I_B	低 I_C	高 U_A	低 U_A
幅值	0.46	0.46	0.46	0.96	0.96	0.96	57	57
	73	−47	193	−77	−17	43	90	120
相位	17	137	−103	−167	−107	−47	0	−30
		223	103					

判断结果：

① 一次电流计算值。

② 调整后二次电流计算值。

③ 判断电流电压相位是否正确？

④ 判断保护能否投运？

知识点 4：

母线保护带负荷测试。某变电站采用双母线接线，161 挂 I 母，163 挂 II 母。测试数据见表 1-5-6，相关参数为变比：112：1 500：5，161：2 500：5，163：2 000：5；基准变比：2 500：5。

表 1-5-6　测试数据

		I_A	I_B	I_C
112	幅值	1	1	1
	相位	0	120	240
161	幅值	0.6	0.6	0.6
	相位	180	−60	60
163	幅值	0.75	0.75	0.75
	相位	0	−120	120

九、拓展思考

（1）进行数据分析时，不能仅以保护装置的带负荷测试数据来推断电流的接线是否正确，而应结合测量回路、录波回路、后台监控数据、调度负荷潮流等进行全方位分析，本站所有测试数据均应保持数据的一致性，并与线路对侧测试数据和调度数据相吻合，所有数据应环环相扣，哪怕是一个异常数据都不应存在。

（2）对于配置有差动保护的线路保护装置，需要结合对侧，检查正常情况下是否有差流存在，确保正常情况下的差流满足规程要求。

（3）主变空载充电前，应确保瓦斯等非电量保护、差动保护均正确投入，一旦有故障确保能快速跳闸。通常主变空载充电要充三至五次，当主变要带负荷前，为防止 CT 极性接错导致保护误动作，应退出主变差动保护，待带负荷测试正确后再投入。差动保护的各侧电流规定的正方向是指向主变。电流流入变压器为正，流出变压器为负。

单元二 电压重动与并列二次回路认知与检验

任务 1 电压重动二次回路认知与检验

一、学习情境描述

计划对 110 kV 草堂变电站电压重动二次回路进行检验，现场一、二次安全措施已布置完成。

二、学习目标

（1）知识目标：

① 掌握电压重动二次回路的构成和作用。

② 掌握电压重动二次回路的构成和作用。

（2）能力目标：

① 能正确完成电压重动二次回路识读。

② 能规范完成电压重动二次回路检验。

（3）思政目标：

① 了解专业规程规范：《DL/T 995—2016 继电保护和电网安全自动装置检验规程》；《DL/T 478—2013 继电保护和安全自动装置通用技术条件》；《GB/T 7261—2008 继电保护和安全自动装置基本试验方法》。

② 培养严谨认真的工作作风。

③ 培养团队协作精神。

④ 养成良好的劳动习惯。

三、任务书

（1）电压重动二次回路识读。

（2）电压重动二次回路检验。

四、任务咨询

引导问题 1：如图 2-1-1 是某 110 kV 变电站 110 kV 母线电压互感器二次接线图（简化），请指出：图中电压互感器的二次绕组有几个，分别的接线方式是怎样的？为何二次电压要经过电压重动并列装置才能送到保护装置？

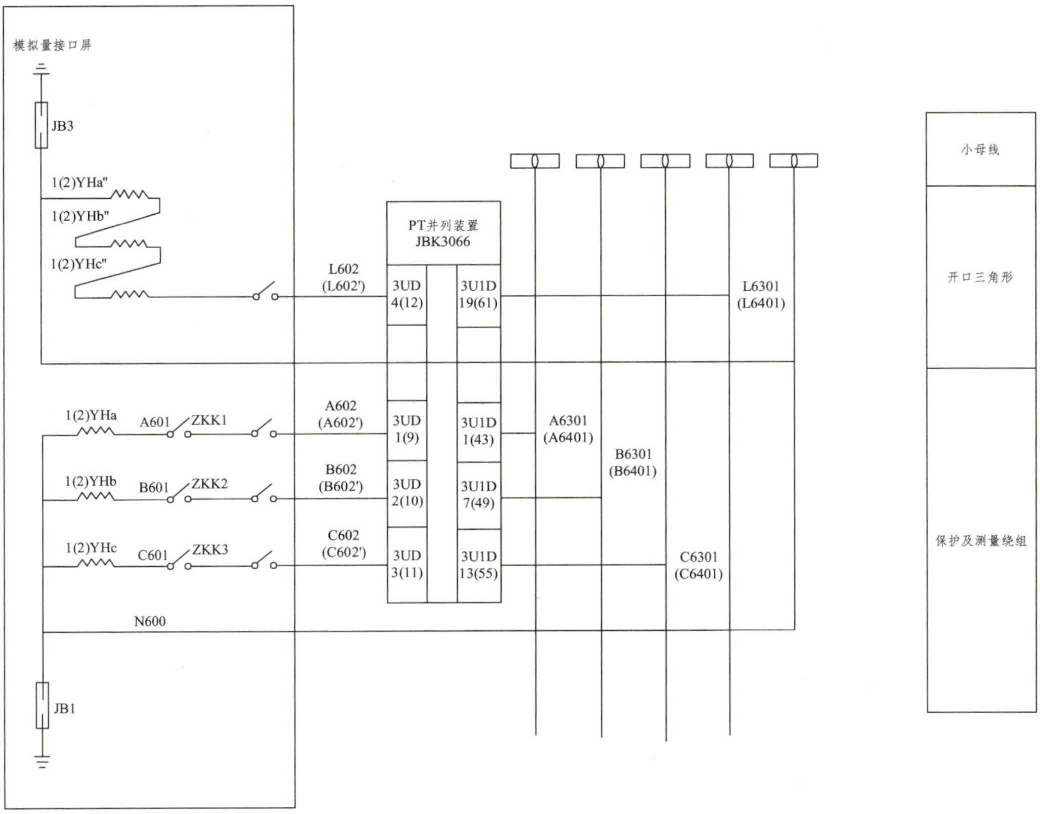

图 2-1-1　110 kV 母线电压互感器接线图

答：

引导问题 2：如图 2-1-2 是某 110 kV 变电站 110 kV 母线电压互感器二次接线图（简化），请指出：图中电压互感器的二次绕组有几个，分别的接线方式是怎样的？为何二次电压要经过电压重动并列装置才能送到保护装置？

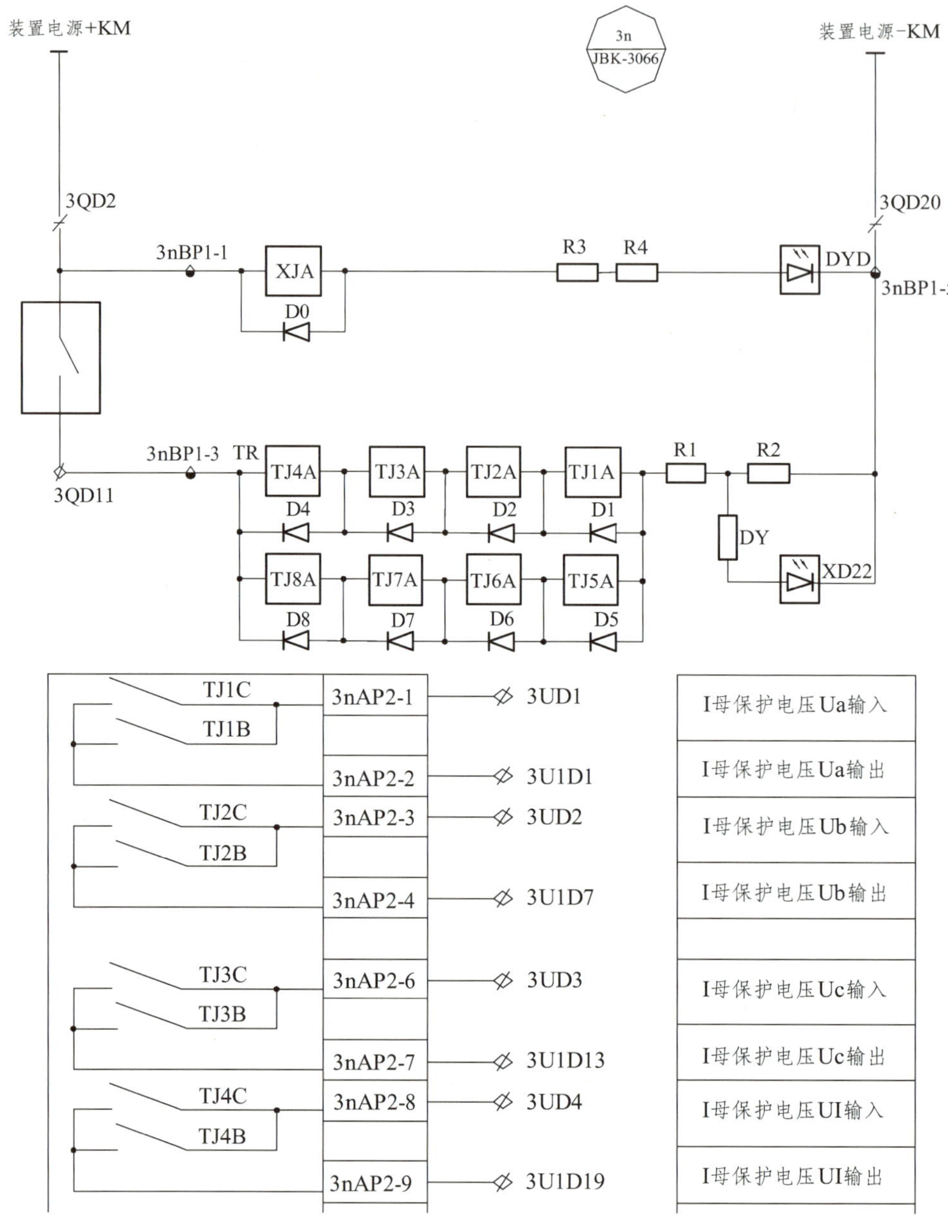

图 2-1-2　电压重动回路

答：

五、任务实施

（1）完成现场一次、二次安全措施布置。

相邻屏前后悬挂“运行设备”红布帘，工作屏前后悬挂“在此工作”标识牌，退出所有保护及保护跳合闸出口。

（2）工器具、资料准备。

万用表、一字螺丝刀、绝缘胶布、装置图纸、装置说明书。

（3）任务实施。

① 认知交流回路，填写表 2-1-1。

表 2-1-1　任务记录表 1

回路名称	端子编号	端子内配线编号	端子外接电缆编号
I_A			
I_B			
I_C			
I_N			
U_A			
U_B			
U_C			
U_N			

② 交流回路检验，填写表 2-1-2。

表 2-1-2　任务记录表 2

零漂检验								
允许范围	±0.01 A				±0.05 V			
通道	I_A	I_B	I_C	$3I_O$	U_A	U_B	U_C	$3U_O$
实测值								
采样								
允许误差	±5%							
通道	I_A	I_B	I_C		U_A	U_B	U_C	
外加量	0.5 A				5 V			
实测值								
误差值								
结论								
外加量	1 A				57.7 V			
实测值								
误差值								
结论								
外加量	10 A				70 V			
实测值								
误差值								
结论								

六、工作实施流程

（1）领取任务：按组分配屏位，每组一个屏位完成任务。

（2）工作前准备：

① 人员准备：指导教师为安全监护人，组长为工作负责人，其余人员为工作成员，工作人员应清楚工作内容、安全措施，精神状态正常，无妨碍工作的病症。

② 危险点分析，安全预控措施：检查现场符合工作条件，分析本次工作危险点并做好相应预控措施，布置现场一次安全措施。

③ 工作人员穿着工作服。

（3）根据认知情况，完成试验接线。

（4）分组练习。

（5）指导老师点评实施情况；

（6）清理现场。

七、评价反馈

（1）学生自评，见附录 1《学生自评表》.

（2）团队互评，见附录 2《团队互评表》.

（3）教师评价，见表 2-1-3。

表 2-1-3　教师评价

序号	作业名称	质量标准	分值	扣分标准	扣分	得分
一、准备工作						
1	着装穿戴	安全帽、工作服、绝缘鞋穿戴正确	5	（1）未穿安全帽、工作服、工作鞋，扣 5 分； （2）着装穿戴不规范，每处扣 1 分		
2	工器具检查	检查工器具齐全，符合使用要求	5	工器具选择不正确、未检查，每个扣 1 分		
3	工作票办理	按照规范办理工作票（口述）	5	（1）未办理工作票该项，扣 3 分； （2）未到现场检查安全措施，扣 2 分		
二、工作过程						
1	装置设置	（1）退出保护硬压板 （2）退出保护软压板 （3）退出保护控制字	16	（1）每漏一项扣 2 分； （2）记录错误，一处扣 2 分。		
2	试验接线	（1）测试仪接地 （2）测试仪电流、电压接线 （3）测试仪开入量接线	14	（1）测试仪未接地，扣 1 分； （2）测试仪电流、电压接线不正确，扣 2 分； （3）测试仪开入量未接线，扣 1 分。		

（续表）

序号	作业名称	质量标准	分值	扣分标准	扣分	得分
3	采样精度检验	(1) 交流电流大小、相位检验 (2) 交流电压大小、相位检查 (3) 检查指示灯、装置有无异常，通道有无告警	20	(1) 漏退一个扣 2 分； (2) 操作错误，一个扣 2 分		
4	二次措施及现场恢复	(1) 二次安措恢复至试验前状态 (2) 试验接线恢复。	20	(1) 二次安措未恢复至试验前状态，扣 2 分 (2) 未拆除试验接线，扣 2 分		
5	试验报告	(1) 装置型号、软件版本及校验码 (2) 试验项目及数据 (3) 记录测试仪型号 (4) 试验结论	10	(1) 未记录装置型号、软件版本及校验码，扣 2 分； (2) 未记录试验项目及数据，扣 3 分； (3) 未记录测试仪型号，扣 1 分； (4) 未写试验结论，扣 1 分		
三、工作终结						
1	工作票终结	办理工作票终结（口述）	5	未办理工作票终结，扣 1 分		
合计			100			
考评员栏		成绩：		考评老师：		

八、相关知识点

知识点：电压重动回路的作用。

为了使 TV 二次电压的有/无和压变一次的运行状态（投入/退出）保持对应关系，防止当 TV 一次退出运行而二次绕组向一次反送电，造成人身设备事故。电压重动是电压进入二次设备前必经的过程，主要是为了保证与 TV 一次运行状态一致。

九、拓展思考

现需要对该电压重动回路电压交流回路进行采样检验，请根据装置图纸，梳理出端子编号。

任务 2　电压并列二次回路认知与检验

一、学习情境描述

计划对某 110 kV 变电站电压并列二次回路进行检验，现场一、二次安全措施已布置完成。

二、学习目标

（1）知识目标：

① 掌握电压并列二次回路的构成和作用。

② 掌握电压并列二次回路的构成和作用。

（2）能力目标：

① 能正确完成电压并列二次回路识读。

② 能规范完成电压并列二次回路检验。

（3）思政目标：

① 了解专业规程规范：《DL/T 995—2016 继电保护和电网安全自动装置检验规程》；《DL/T 478—2013 继电保护和安全自动装置通用技术条件》；《GB/T 7261—2008 继电保护和安全自动装置基本试验方法》。

② 培养严谨认真的工作作风。

③ 培养团队协作精神。

④ 养成良好的劳动习惯。

三、任务书

（1）电压并列二次回路识读。

（2）电压并列二次回路检验。

四、任务咨询

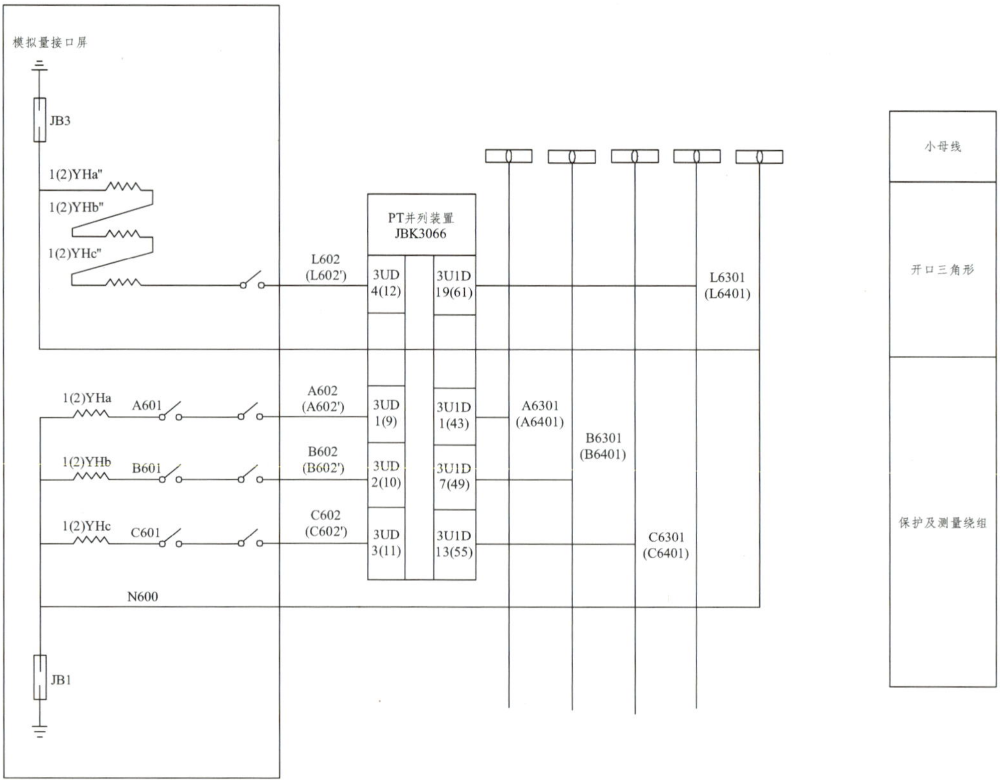

图 2-2-1　110 kV 母线电压互感器接线图

引导问题 1：如图 2-1-1 所示是某 110 kV 变电站 110 kV 母线电压互感器二次接线图（简化），请指出：图中电压互感器的二次绕组有几个，分别的接线方式是怎样的？为何二次电压要经过电压重动并列装置才能送到保护装置？

答：

引导问题 2：如图 2-2-2 所示是某 110 kV 变电站 110 kV 电压并列回路图，请根据所学知识，完成该电压并列回路识读。

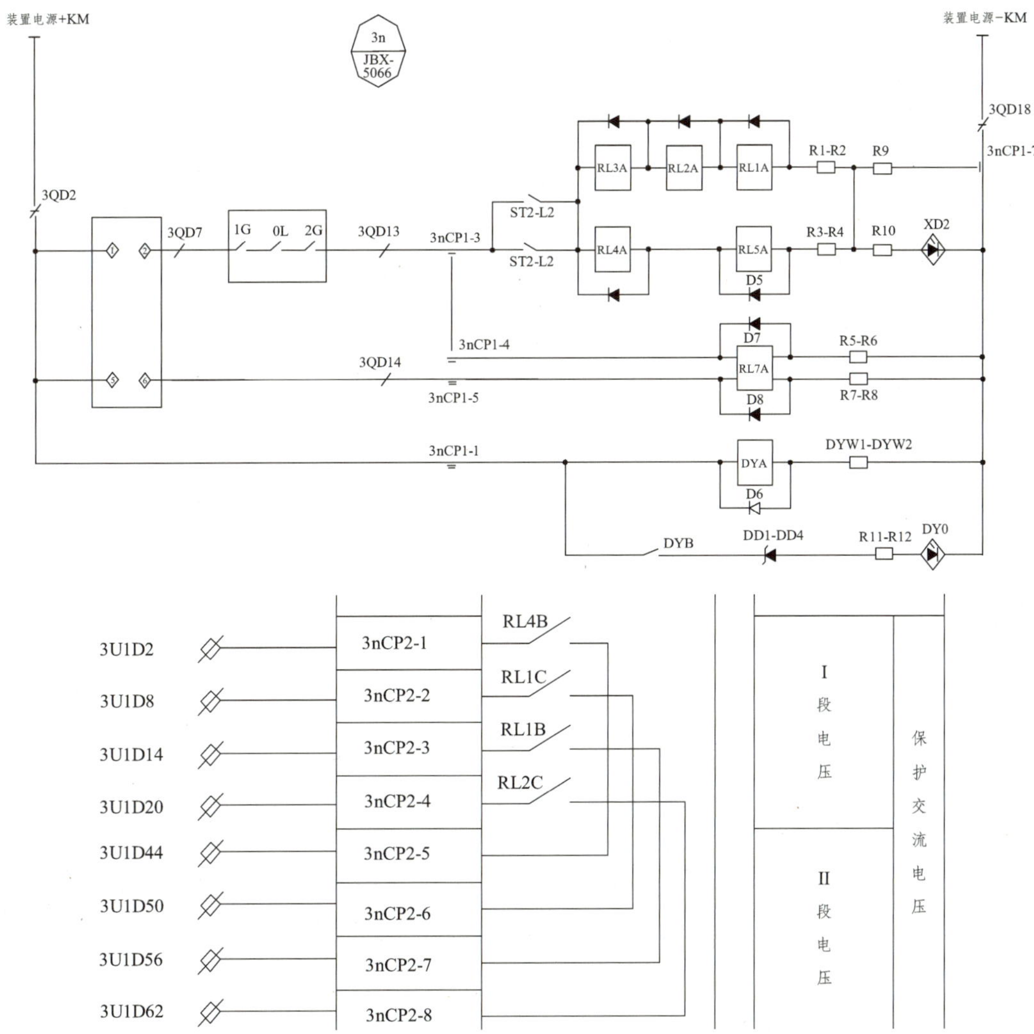

图 2-2-2　电压并列回路

答：

五、任务实施

（1）完成现场一次、二次安全措施布置。

相邻屏前后悬挂“运行设备”红布帘，工作屏前后悬挂“在此工作”标识牌，退出所有保护及保护跳合闸出口。

（2）工器具、资料准备。

万用表、一字螺丝刀、绝缘胶布、装置图纸、装置说明书。

（3）任务实施。

① 认知交流回路，并填写表 2-2-1。

表 2-2-1　任务记录表 1

回路名称	端子编号	端子内配线编号	端子外接电缆编号
I_A			
I_B			
I_C			
I_N			
U_A			
U_B			
U_C			
U_N			

② 交流回路检验，并填写表 2-2-2。

表 2-2-2　任务记录表 2

零漂检验								
允许范围	±0.01A				±0.05V			
通道	I_A	I_B	I_C	$3I_O$	U_A	U_B	U_C	$3U_O$
实测值								
采样								
允许误差	±5%							
通道	I_A	I_B	I_C		U_A	U_B	U_C	
外加量	0.5 A				5 V			
实测值								
误差值								
结论								

（续表）

外加量	1 A			57.7 V		
实测值						
误差值						
结论						
外加量	10 A			70 V		
实测值						
误差值						
结论						

六、工作实施流程

（1）领取任务：按组分配屏位，每组一个屏位完成任务。

（2）工作前准备：

① 人员准备：指导教师为安全监护人，组长为工作负责人，其余人员为工作成员，工作人员应清楚工作内容、安全措施，精神状态正常，无妨碍工作的病症。

② 危险点分析，安全预控措施：检查现场符合工作条件，分析本次工作危险点并做好相应预控措施，布置现场一次安全措施。

③ 工作人员穿着工作服。

（3）根据认知情况，完成试验接线。

（4）分组练习。

（5）指导老师点评实施情况；

（6）清理现场。

七、评价反馈

（1）学生自评，见附录 1《学生自评表》。

（2）团队互评，见附录 2《团队互评表》。

（3）教师评价，见表 2-2-3。

表 2-2-3　教师评价

序号	作业名称	质量标准	分值	扣分标准	扣分	得分
一、准备工作						
1	着装穿戴	安全帽、工作服、绝缘鞋穿戴正确	5	(1）未穿安全帽、工作服、工作鞋，扣 5 分； (2）着装穿戴不规范，每处扣 1 分		
2	工器具检查	检查工器具齐全，符合使用要求	5	工器具选择不正确、未检查，每个扣 1 分		
3	工作票办理	按照规范办理工作票（口述）	5	(1）未办理工作票该项，扣 3 分； (2）未到现场检查安全措施，扣 2 分		

（续表）

序号	作业名称	质量标准	分值	扣分标准	扣分	得分
二、工作过程						
1	装置设置	（1）退出保护硬压板； （2）退出保护软压板； （3）退出保护控制字	16	（1）每漏一项扣2分； （2）记录错误，一处扣2分		
2	试验接线	（1）测试仪接地； （2）测试仪电流、电压接线； （3）测试仪开入量接线	14	（1）测试仪未接地，扣1分； （2）测试仪电流、电压接线不正确，扣2分； （3）测试仪开入量未接线，扣1分		
3	采样精度检验	（1）交流电流大小、相位检验； （2）交流电压大小、相位检查； （3）检查指示灯、装置有无异常，通道有无告警	20	（1）漏退一个扣2分； （2）操作错误，一个扣2分		
4	二次措施及现场恢复	（1）二次安措恢复至试验前状态； （2）试验接线恢复。	20	（1）二次安措未恢复至试验前状态，扣2分； （2）未拆除试验接线，扣2分		
5	试验报告	（1）装置型号、软件版本及校验码； （2）试验项目及数据； （3）记录测试仪型号； （4）试验结论	10	（1）未记录装置型号、软件版本及校验码，扣2分； （2）未记录试验项目及数据，扣3分； （3）未记录测试仪型号，扣1分； （4）未写试验结论，扣1分		
三、工作终结						
1	工作票终结	办理工作票终结（口述）	5	未办理工作票终结，扣1分		
合计			100			
考评员栏		成绩：		考评老师：		

八、相关知识点

知识点1：电压并列回路的作用。

两段母线，每段母线一台PT，当I段母PT因检修等原因需要退出运行，分段开关在合位，I段母线上的保护将继续运行，考虑到保护低压闭锁功能，失去I段母线电压的保护很可能发生误动。此时需要用II段母线电压代替I段母线的保护电压，这就是电压并列。电压并列是为了在某一段母线PT检修时，将两段母线置于并列运行状态，用另一条母线PT为该段母线上的设备提供电压。

知识点2：电压并列回路的检验方法。

如图2-2-2所示，当操作把手打到并列状态时，端子接通正电时，图中所示的触点RL4B、RL1B、RL1C、RL2C闭合，用万用表测量相应输出端子应导通；

当操作把手打到并列停用状态时，上述相应触点断开。

九、拓展思考

现需要对该电压并列回路电压交流回路进行采样检验，请根据装置图纸，梳理出端子编号。

单元三　线路保护装置二次回路认知与检验

任务 1　线路保护交流回路认知与检验

一、学习情境描述

计划对 110 kV 草堂变电站 110 kV 塘草线线路保护装置 PSL621C 交流回路进行检验，现场一、二次安全措施已布置完成。

二、学习目标

（1）知识目标：

① 掌握 110 kV 线路保护装置交流电流回路的构成和作用。

② 掌握 110 kV 线路保护装置交流电流回路的构成和作用。

（2）能力目标：

① 能正确完成 110 kV 线路保护装置交流回路识读。

② 能规范完成 110 kV 线路保护装置交流回路检验。

（3）思政目标：

① 了解专业规程规范：《DL/T 995—2016 继电保护和电网安全自动装置检验规程》；《DL/T 478—2013 继电保护和安全自动装置通用技术条件》；《GB/T 7261—2008 继电保护和安全自动装置基本试验方法》。

② 培养严谨认真的工作作风。

③ 培养团队协作精神。

④ 养成良好的劳动习惯。

三、任务书

（1）110 kV 线路保护装置交流回路识读。

（2）110 kV 线路保护装置交流回路检验。

四、任务咨询

引导问题 1：如图 3-1-1 所示是一条 110 kV 线路的一次接线图（简化），请指出：图中哪个一次设备为该线路保护装置提供交流电流？哪个一次设备为该线路保护装置提供交流电压？

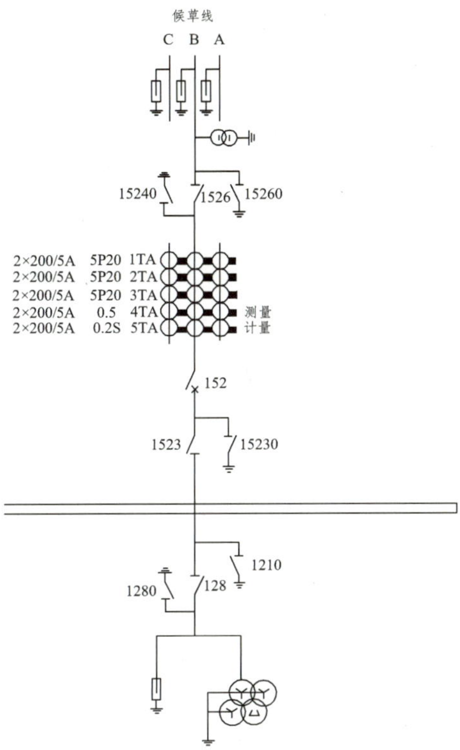

图 3-1-1　110 kV 线路的一次接线图（简化）

答：

引导问题 2：如图 3-1-2 所示是 110 kV 线路保护装置电流回路示意图，请描述该电流回路的作用。

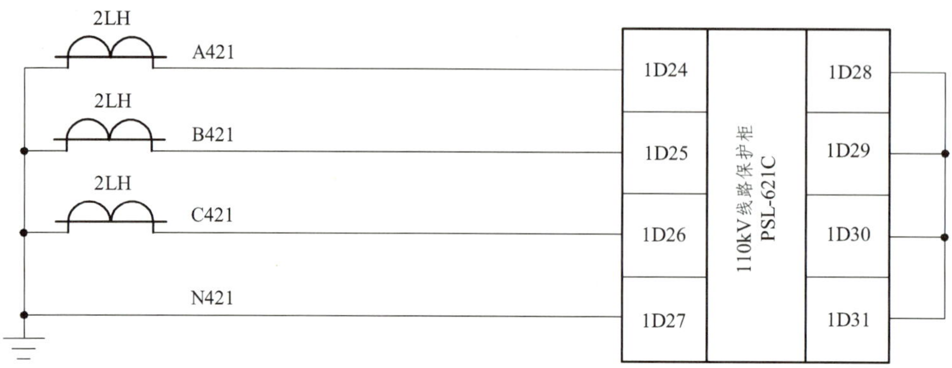

图 3-1-2　110 kV 线路保护装置电流回路示意图

答：

引导问题 3：如图 3-1-3 所示是 110 kV 电压互感器接线示意图（内桥接线），请根据单元二所学知识，完成该回路识读。

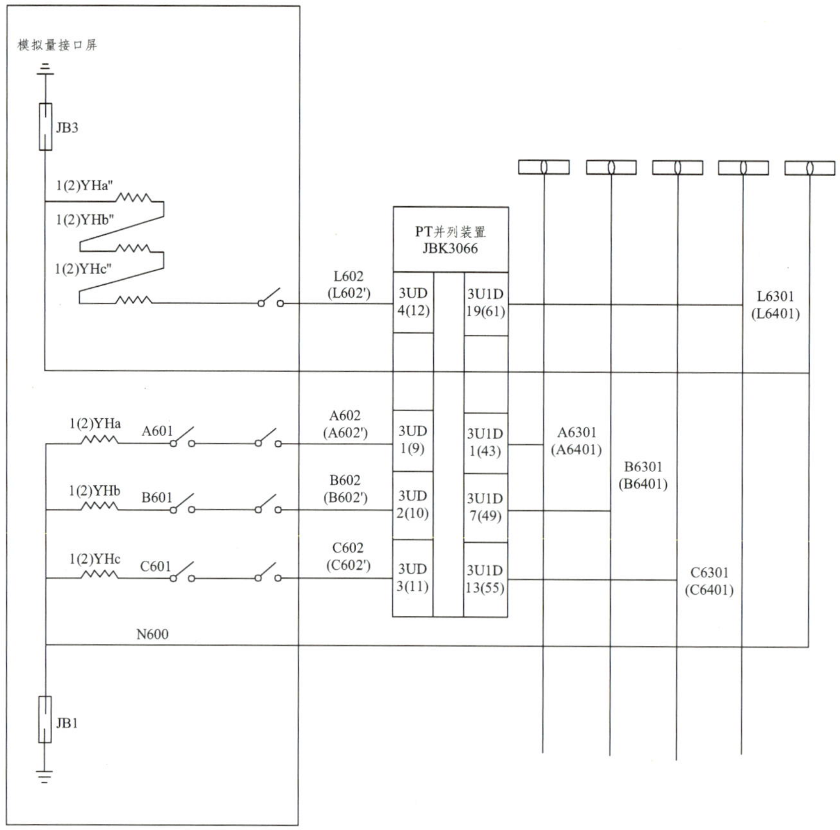

图 3-1-3　110 kV 电压互感器接线示意图（内桥接线）

答：

引导问题 4：如图 3-1-4 所示是某 110 kV 线路保护装置电压接线回路图，请根据单元二所学知识，完成该电压回路识读。

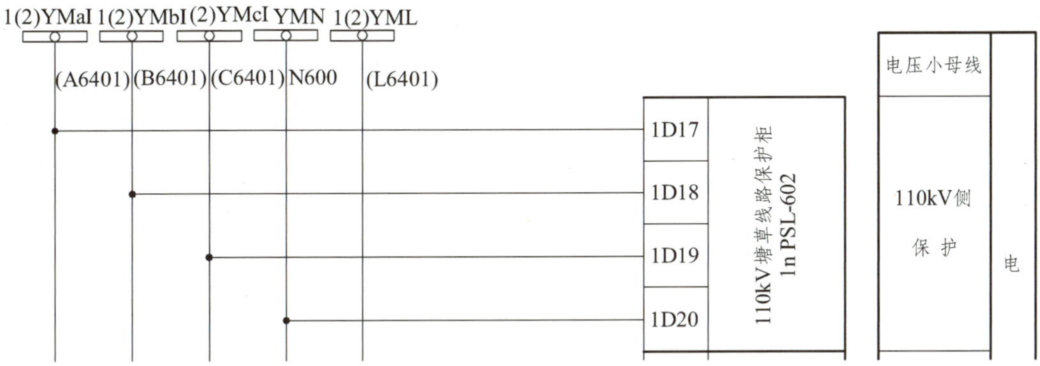

图 3-1-4　110 kV 线路保护装置电压接线回路图

答：

五、任务实施

（1）完成现场一次、二次安全措施布置。

相邻屏前后悬挂“运行设备”红布帘，工作屏前后悬挂“在此工作”标识牌，退出所有保护及保护跳合闸出口。

（2）工器具、资料准备。

万用表、一字螺丝刀、绝缘胶布、装置图纸、装置说明书。

（3）任务实施。

① 认知交流回路，并填写表 3-1-1。

表 3-1-1　任务记录表 1

回路名称	端子编号	端子内配线编号	端子外接电缆编号
I_A			
I_B			
I_C			
I_N			
U_A			
U_B			
U_C			
U_N			

② 检验交流回路，并填写表 3-1-2。

表 3-1-2 任务记录表 2

零漂检验								
允许范围	±0.01A				±0.05V			
通道	I_A	I_B	I_C		U_A	U_B	U_C	$3U_0$
实测值					$3I_0$			
采样								
允许误差	±5%							
通道	I_A	I_B	I_C		U_A	U_B	U_C	
外加量	0.5 A				5 V			
实测值								
误差值								
结论								
外加量	1 A				57.7 V			
实测值								
误差值								
结论								
外加量	10 A				70 V			
实测值								
误差值								
结论								

六、工作实施流程

（1）领取任务：按组分配屏位，每组一个屏位完成任务。

（2）工作前准备。

① 人员准备：指导教师为安全监护人，组长为工作负责人，其余人员为工作成员，工作人员应清楚工作内容、安全措施，精神状态正常，无妨碍工作的病症。

② 危险点分析，安全预控措施：检查现场符合工作条件，分析本次工作危险点并做好相应预控措施，布置现场一次安全措施。

③ 工作人员穿着工作服。

（3）根据认知情况，完成试验接线。

（4）分组练习。

（5）指导老师点评实施情况；

（6）清理现场。

七、评价反馈

（1）学生自评，见附录 1《学生自评表》。

（2）团队互评，见附录 2《团队互评表》。

（3）教师评价，见表 3-1-3。

表 3-1-3　教师评价

序号	作业名称	质量标准	分值	扣分标准	扣分	得分
一、准备工作						
1	着装穿戴	安全帽、工作服、绝缘鞋穿戴正确	5	（1）未穿安全帽、工作服、工作鞋，扣 5 分； （2）着装穿戴不规范，每处扣 1 分		
2	工器具检查	检查工器具齐全，符合使用要求	5	工器具选择不正确、未检查，每个扣 1 分		
3	工作票办理	按照规范办理工作票（口述）	5	（1）未办理工作票该项，扣 3 分； （2）未到现场检查安全措施，扣 2 分		
二、工作过程						
1	装置设置	（1）退出保护硬压板 （2）退出保护软压板 （3）退出保护控制字	16	（1）每漏一项扣 2 分； （2）记录错误，一处扣 2 分		
2	试验接线	（1）测试仪接地 （2）测试仪电流、电压接线 （3）测试仪开入量接线	14	（1）测试仪未接地，扣 1 分； （2）测试仪电流、电压接线不正确，扣 2 分； （3）测试仪开入量未接线，扣 1 分		
3	采样精度检验	（1）交流电流大小、相位检验 （2）交流电压大小、相位检查 （3）检查指示灯、装置有无异常，通道有无告警	20	（1）漏退一个扣 2 分； （2）操作错误，一个扣 2 分		
4	二次措施及现场恢复	（1）二次安措恢复至试验前状态 （2）试验接线恢复。	20	（1）二次安措未恢复至试验前状态，扣 2 分； （2）未拆除试验接线，扣 2 分		
5	试验报告	（1）装置型号、软件版本及校验码 （2）试验项目及数据 （3）记录测试仪型号 （4）试验结论	10	（1）未记录装置型号、软件版本及校验码，扣 2 分； （2）未记录试验项目及数据，扣 3 分； （3）未记录测试仪型号，扣 1 分； （4）未写试验结论，扣 1 分		

（续表）

序号	作业名称	质量标准	分值	扣分标准	扣分	得分
三、工作终结						
1	工作票终结	办理工作票终结（口述）	5	未办理工作票终结，扣 1 分		
合计			100			
考评员栏		成绩：		考评老师：		

八、相关知识点

知识点 1：模数变换系统检验规范要求。

模数变换系统检验应按以下进行。

a）检验零点漂移。进行本项目检验时，要求保护装置不输入交流电流、电压量。观察装置在一段时间内的零漂值满足装置技术条件的规定。

b）各电流、电压输入的幅值和相位精度检验。新安装保护装置的验收检验时，按照装置技术说明书规定的试验方法，分别输入不同幅值和相位的电流、电压量，观察装置的采样值满足装置技术条件的规定。全部检验时，可仅分别输入不同幅值的电流、电压量；部分检验时，可仅分别输入额定电流、电压量。

知识点 2：误差计算方法。

$$误差=\left|\frac{测得结果-约定真值}{约定真值}\right|\times 100\%$$

式中，测得结果是实测值；约定真值是测试仪外加值。

九、拓展思考

现需要对该装置零序电压和线路电压交流回路进行采样检验，请根据装置图纸，梳理出端子编号。

十、思政案例

优秀校友张凯先进事迹：

张凯：智能变电站的“外科医生”

在国网绵阳供电公司有这样一群人，他们从事着关乎电网安全运行命脉的技术核心工作——继电保护，他们周而复始地穿梭于绵阳大大小小的变电站，为设备安全运行排除故障，为了确保百姓用上放心电，他们消除设备故障缺陷时经常连午饭、晚饭都顾不上按时吃。

35 岁的变电检修室技术员张凯，从大学毕业后，一干就是 14 年，兢兢业业、勤学肯钻的他从初出茅庐到继保专业技术能手，获得 2015 年国网四川省电力公司智能变电站继电保护专业知识及技能竞赛个人二等奖。

从学徒到专业技术能手

10 月 20 日，记者在位于绵阳游仙区的 220 千伏劲松变电站主控楼看到，张凯带领同事一起，对变电站的继电保护设备进行一一检查，对故障线路都进行测试，确保线路运行正常。张凯说："继保工作直接关系到电网安全运行，初到继电保护班时，我就感到了压力。"大学毕业后，张凯就到国网绵阳供电公司工作，主要从事继电保护工作。为了做好专项工作，他从学徒开始，天天跟着老师傅们学习。如今，他已成为公司的继保专业技术能手。

"他的专业水平进步很快，从学徒走到继保专业技术人才不容易。"多位张凯的同事说，为了提高技能水平，张凯给自己定了计划：学习工作化、工作学习化。工作之中，张凯总是冲在最前面，抓住每一次实践的机会，虚心向老师傅请教，勤学苦练，努力提升自己专业水平。工作之余，他长期埋头看书、钻研图纸，就连吃饭都在思考，常常是吃到一半，又拿出资料来研究，实现了从学徒向技术能手的跨步。

据了解，为加强专业技能人才队伍建设，进一步提高四川电网继电保护专业人员的技术技能水平，培养造就一批能适应继电保护新形势的技术能手、专业人才。张凯参加了 2015 年国网四川省电力公司智能变电站继电保护专业知识及技能竞赛，通过一轮又一轮的比赛，他获得了个人二等奖。

消除隐患一干就几个小时

中午时分，张凯和同事们还在主控楼内忙碌，一个缺陷项目一干就是几个小时，只有等项目做完后，他们才能吃上午饭。"不能按时吃饭，我们已经习惯了。"张凯的同事兰浩说，继电保护专业技术性强，风险高，一根接线错误或一个螺丝松动都可能会酿成设备损坏事故，甚至电网崩溃事故。

"这个活路的专业技术很强，我当了 3 年的学徒才入门。"张凯说，他刚参加工作时，从未缺席事故抢修，虽然不是很懂，但跟老师傅学到了很多新技术。有一次，他发现一处主变开关机构处有烧焦味，立即细心检查，原来跳闸回路附加电阻损坏、跳闸线圈电阻烧坏。事情刻不容缓，他立即查阅图纸、分析原因、思考处理方法、更换元器件、做开关试验，经过一个通宵的努力，最终处理了问题，消除了安全隐患。

据了解，变电检修室二次保护班的员工专门负责绵阳电网 33 座 110 千伏以上的变电站继保工作。由于时间紧，任务重，他们每天都默默地工作在变电站内，确保绵阳电网安全运行的同时，一直保持着安全生产零事故的记录。"当一项项任务圆满完成，当一个个缺陷被消除，当一台台设备起死回生，我们心中都倍感欣慰与自豪。"张凯说。

同事眼中的"钉子精神"

采访中，多位张凯的同事说，他身上有一股"钉子精神"，勇于开阔，敢于创新。从事继电保护 14 年来，张凯多次与同事一起，对变电站的母差、线路等保护及自动装置的重大消缺开展技术革新工作。在一代又一代的技术革新过程中，他和同事全力确保所管辖的继电保护及安全自动装置正确动作率为 100%，成为继电保护领域名副其实的技术能手。

"每次他带我们时，坚持不放过任何疑点，解决了一项又一项的疑难问题。"兰浩说，他是张凯带的徒弟，通过学习，自己的专业技能逐步提高了许多。

张凯凭着那股子不服输的刚劲，赢得了同事们的敬佩。面对大家的称赞，他总是微笑着说："我还做得不够好。"

任务 2　线路保护开关量回路认知与检验

一、学习情境描述

计划对 110 kV 草堂变电站 110 kV 塘草线线路保护装置 PSL621C 开关量输入回路进行检验，现场一、二次安全措施已布置完成。

二、学习目标

（1）知识目标：

① 掌握 110 kV 线路保护装置开关量输入回路的构成和作用。

② 掌握各种类型开关量输入信号的特点。

③ 掌握不同类型开关量输入信号的检验方法。

（2）能力目标：

① 能正确完成 110 kV 线路保护装置开关量输入回路识读。

② 能正确将不同的开关量输入信号进行分类。

③ 能规范完成 110 kV 线路保护装置开关量输入回路检验。

（3）思政目标：

① 培养严谨认真的工作作风。

② 培养团队协作精神。

③ 养成良好的劳动习惯。

三、任务书

110 kV 线路保护装置 PSL621C 开关量输入回路检验。

四、任务咨询

引导问题 1：如图 3-2-1 所示是 110 kV 线路保护装置 PSL621C 的开关量输入回路图，请说出图中有哪些开关量输入信号？

答：

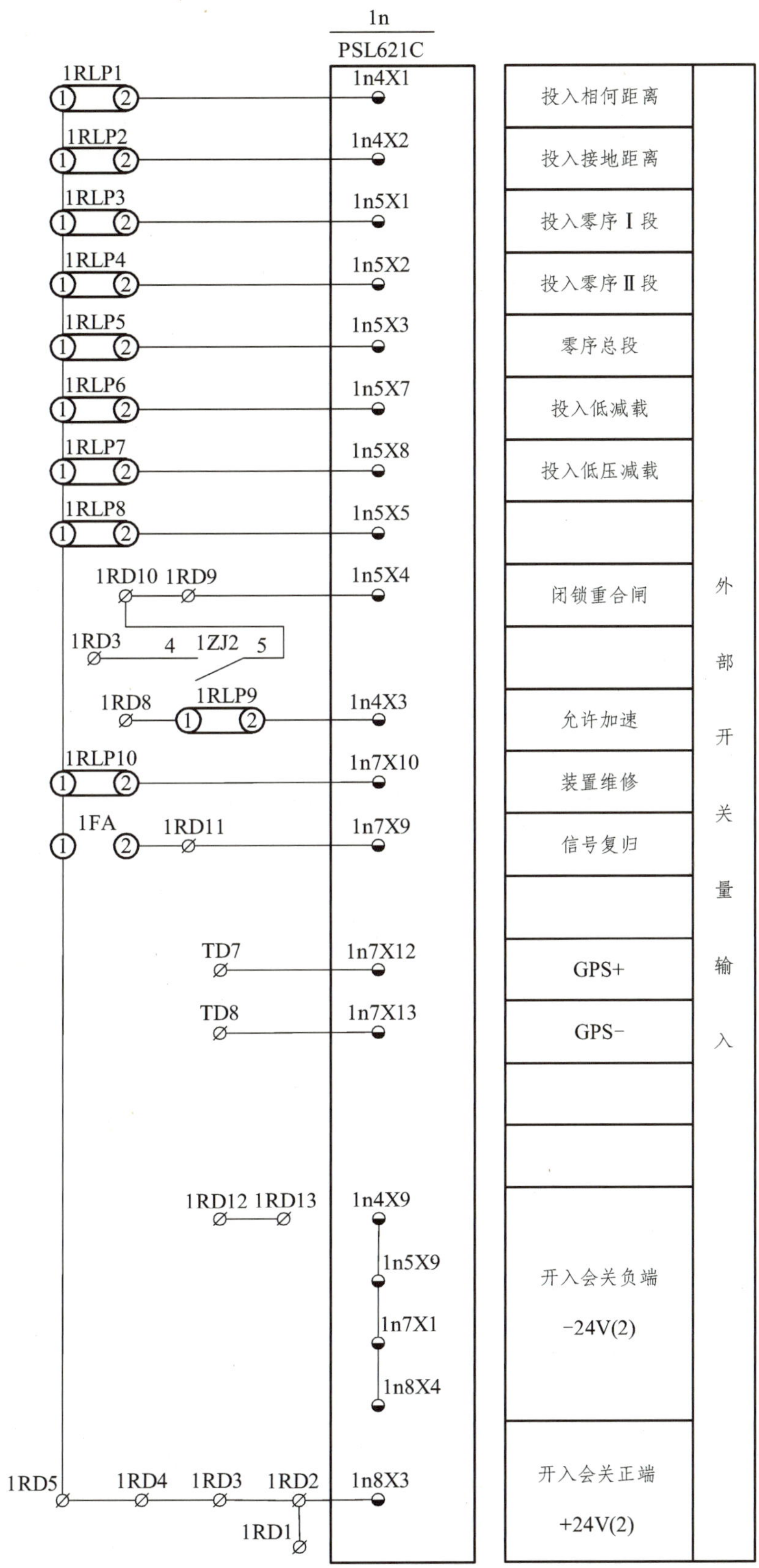

图 3-2-1　110 kV 线路 PSL621C 开关量输入回路图的一次接线图（简化）

引导问题 2： 请回答图 3-2-1 中的开关量输入信号有几种类型？

答：

引导问题 3： 请根据图 3-2-1，回答以下问题：

（1）控制相间距离保护功能投退的硬压板是什么？

（2）控制接地距离保护功能投退的硬压板是什么？

（3）控制零序Ⅰ段保护功能投退的硬压板是什么？

（4）控制零序Ⅱ段保护功能投退的硬压板是什么？

（5）控制零序总投保护功能投退的硬压板是什么？

（6）控制低周减载功能投退的硬压板是什么？

（7）控制低压减载功能投退的硬压板是什么？

（8）控制重合闸功能投退的硬压板是什么？

（9）控制邻线允许加速功能投退的硬压板是什么？

（10）控制装置检修功能投退的硬压板是什么？

（11）如想投入零序Ⅰ段保护，需投入硬压板和硬压板吗？

（12）如想投入零序Ⅱ段保护，需投入硬压板和硬压板吗？

引导问题 4： 请根据图 3-2-1 回答问题：信号复归开关量输入信号属于哪种类型的开关量输入信号？其试验方法是？

答：

引导问题 5： 请根据图 3-2-1 回答问题：闭锁重合闸开关量输入信号属于哪种类型的开关量输入信号？其试验方法是？

答：

五、任务实施

（1）完成现场一次、二次安全措施布置。

相邻屏前后悬挂“运行设备”红布帘，工作屏前后悬挂“在此工作”标识牌，退出所有保护及保护跳合闸出口。

（2）工器具、资料准备。

万用表、一字螺丝刀、绝缘胶布、装置图纸、装置说明书。

（3）任务实施，填写表 3-2-1。

表 3-2-1　任务记录表

相间距离保护	接地距离保护	零序Ⅰ段保护	零序Ⅱ段保护
零序总投	低周减载	低压减载	重合闸功能
邻线允许加速	装置检修	信号复归	闭锁重合闸

六、工作实施流程

（1）领取任务：按组分配屏位，每组一个屏位完成任务。

（2）工作前准备：

① 人员准备：指导教师为安全监护人，组长为工作负责人，其余人员为工作成员，工作人员应清楚工作内容、安全措施，精神状态正常，无妨碍工作的病症。

② 危险点分析，安全预控措施：检查现场符合工作条件，分析本次工作危险点并做好相应预控措施，布置现场一次安全措施。

③ 工作人员穿着工作服。

（3）根据认知情况，完成试验接线。

（4）分组练习。

（5）指导老师点评实施情况；

（6）清理现场。

七、评价反馈

（1）学生自评，见附录 1《学生自评表》。

（2）团队互评，见附录 2《团队互评表》。

（3）教师评价，见表 3-2-2。

表 3-2-2　教师评价

序号	作业名称	质量标准	分值	扣分标准	扣分	得分
一、准备工作						
1	着装穿戴	安全帽、工作服、绝缘鞋穿戴正确	5	（1）未穿安全帽、工作服、工作鞋，扣 5 分； （2）着装穿戴不规范，每处扣 1 分		
2	工器具检查	检查工器具齐全，符合使用要求	5	工器具选择不正确、未检查，每个扣 1 分		
3	工作票办理	按照规范办理工作票（口述）	5	（1）未办理工作票该项，扣 3 分； （2）未到现场检查安全措施，扣 2 分		
二、工作过程						
1	开入量检查	（1）相间距离保护； （2）接地距离保护； （3）零序Ⅰ段保护； （4）零序Ⅱ段保护； （5）零序总投； （6）低周减载； （7）低压减载； （8）重合闸功能； （9）邻线允许加速； （10）装置检修； （11）信号复归； （12）闭锁重合闸	60	（1）漏做一个扣 5 分； （2）操作错误，一个扣 5 分		
2	二次措施及现场恢复	（1）二次安措恢复至试验前状态； （2）试验接线恢复	15	（1）二次安措未恢复至试验前状态，扣 2 分； （2）未拆除试验接线，扣 2 分		
3	试验报告	（1）装置型号、软件版本及校验码； （2）试验项目及数据； （3）记录测试仪型号； （4）试验结论	10	（1）未记录装置型号、软件版本及校验码，扣 2 分； （2）未记录试验项目及数据，扣 3 分； （3）未记录测试仪型号，扣 1 分； （4）未写试验结论，扣 1 分		
三、工作终结						
1	工作票终结	办理工作票终结（口述）	5	未办理工作票终结，扣 1 分		
合计			100			
考评员栏		成绩：		考评老师：		

八、相关知识点

知识点 1：开关量输入回路的类型。

微机保护的开关量输入类型主要包括硬压板开入、各种试验按钮、切换开关、跳合闸位置开入、刀闸位置开入、其他信号开入（如失灵开入）等外部开入。开入的输入电平一般为 220 V 或 24 V 直流开入，往往经过光电隔离开入，图 3-2-2 和图 3-2-3 分别为不同类型的开关量输入示意图和强电转换隔离开入的示意图。

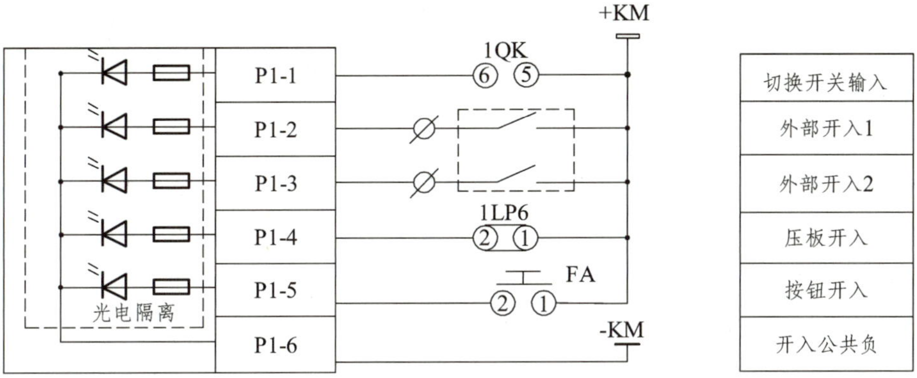

图 3-2-2　开入原理图 1

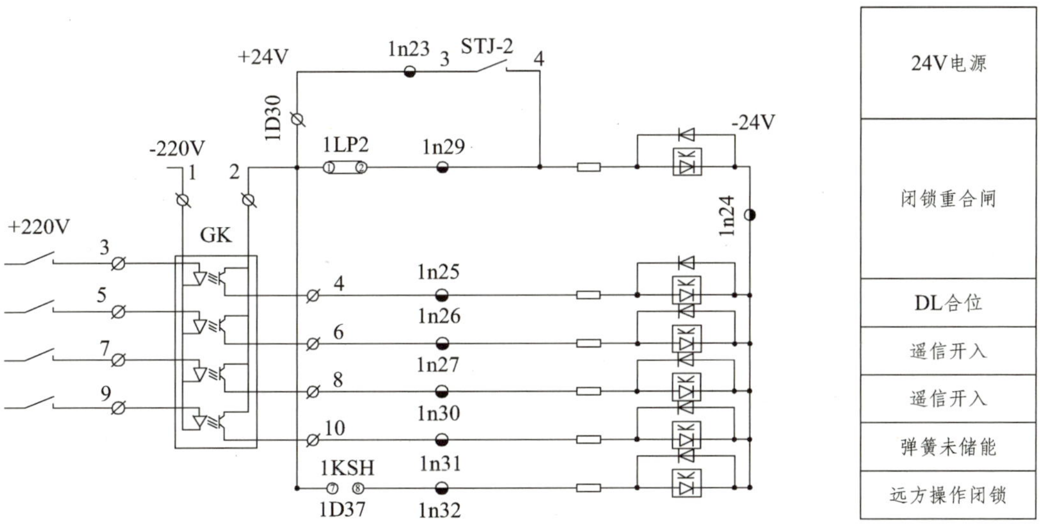

图 3-2-3　开入原理图 2

知识点 2：开关量输入回路的检验规定。

对开关量的输入检验规定：全部检验时，仅对已投入使用的开关量输入回路依次加入激励量，观察装置的行为。而对于部分检验时，可随装置的整组试验一并进行。

保护装置标准化设计中规定开关量输入定义采用正逻辑，即接点闭合为“1”，接点断开为“0”。开关量输入“1”和“0”的定义应统一规范为：“1”肯定所表述的功能，“0”否定所表述的功能。

知识点 3：硬压板开入信号检验方法。

硬压板开入的设置主要是保护功能的一些投退压板，通过该压板的开入可以投入或退出一些保护功能。硬压板的开入检验较简单，可通过依次投、退保护屏上各保护功能投入压板，如投入图 3-2-2 的压板 1LP6，然后在保护装置的液晶屏幕上查看显示的开关量变位情况，一般投入时会显示“1”或投入，退出时会显示“0”或退出。在投退压板时，如开入不正确请查明开入电源是否有问题或者硬压板是否拧紧。

知识点 4：按钮及切换开关的开入信号检验方法。

在保护屏上往往会设置一些按钮和切换开关，如试验按钮、复归按钮及重合闸切换把手、打印按钮等等。这类开入的检验很简单，通过按下这些按钮（如按下图 3-2-2 的复归按钮 FA），对把手位置进行切换（如转动图 3-2-2 的切换开关 1Qk 使 5-6 导通或转动图 3-2-3 的 1KSH 使 7-8 导通输入远方操作闭锁信号），然后在保护装置的液晶屏幕上查看显示的开关量变位情况。

知识点 5：跳合闸位置开入信号检验方法。

在微机保护装置中，断路器的跳合闸位置及合后位置是用得比较多的，在一些保护逻辑中会用到。跳合闸位置及合后位置的检查应通过对断路器进行手合、手跳来进行，检查其“合位”、“跳位”或“合后”开关量变位以及“重合闸放电”是否正确。在保护装置的液晶面板开入菜单会显示其位置信息，一些装置在接线上也会显示，如备自投等。需注意的是应通过手跳及手合进行操作，才能检验控制回路及位置接点的正确性。

知识点 6：其他开入信号检验方法。

其他开关输入量（如刀闸辅助接点位置、外部闭锁或启动接点及非电量保护的输入接点等）可以在保护屏端子排上用开关量输入公共端（一般为 + 24 V）短接要检查的开关量对应输入端子的方法进行校验，如图 3-2-2 中若外部开入 1 定义为其他保护闭锁开入，则可短接外部开入端 P1-2 和开入正电源，然后在液晶显示屏查看对于开入信息。需要注意的是：有条件的情况下应该通过信号的源端（包括非电量开入）进行模拟，如在 P1-2 所接信号的输入端进行试验，以保证整个二次开入回路的完整性。

九、拓展思考

闭锁重合闸开入信号是个外部输入信号，请思考它可能来自哪个装置？

任务 3　线路保护操作回路认知与检验

一、学习情境描述

计划对 110 kV 草堂变电站 110 kV 塘草线线路保护装置 PSL621C 开关量操作回路进行检验，现场一、二次安全措施已布置完成。

二、学习目标

（1）知识目标：

① 掌握跳闸回路构成和作用。

② 掌握合闸回路构成和作用。

③ 掌握防跳回路构成和作用。

④ 掌握跳闸回路的试验方法。
⑤ 掌握合闸回路的试验方法。
⑥ 掌握防跳回路的试验方法。
（2）能力目标：
① 能正确完成跳闸回路识读。
② 能正确完成合闸回路的识读。
③ 能正确完成防跳回路的识读。
④ 能规范完成跳闸回路检验。
⑤ 能规范完成合闸回路检验。
⑥ 能规范完成防跳回路检验。
（3）思政目标：
① 培养严谨认真的工作作风。
② 培养团队协作精神。
③ 养成良好的劳动习惯。

三、任务书

（1）完成 110 kV 线路保护装置 PSL621C 操作回路图（见图 3-3-1）识读。
（2）完成合闸回路、跳闸回路、防跳回路检验。

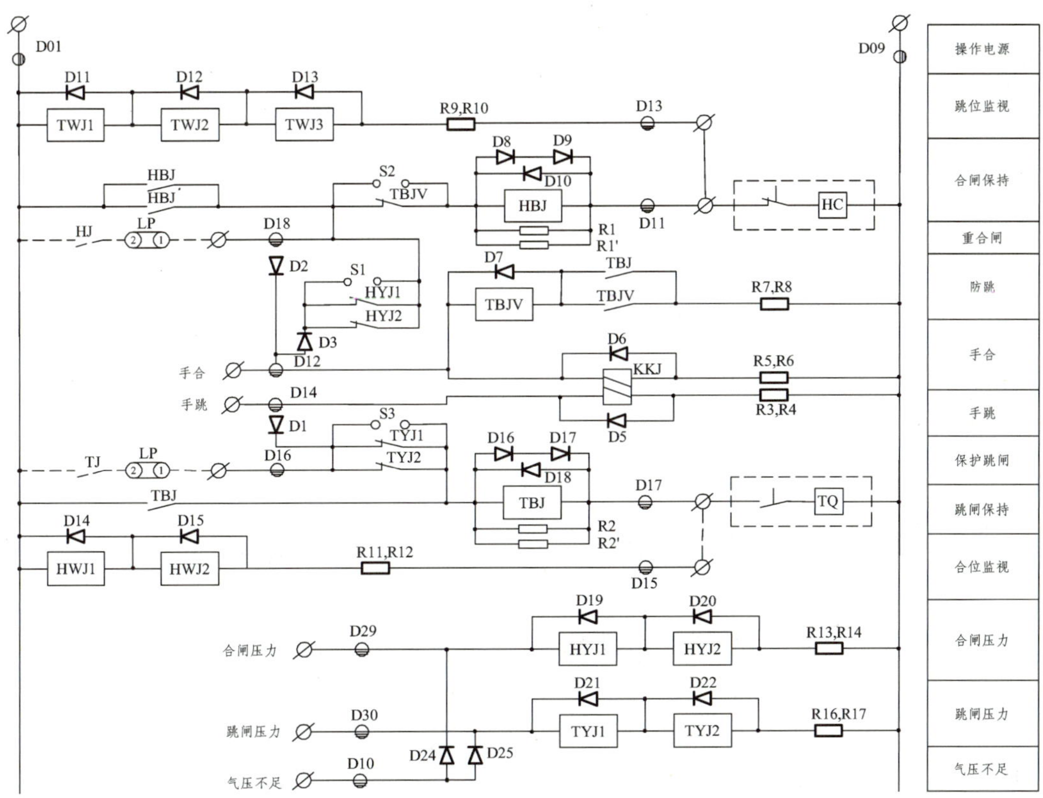

图 3-3-1　110 kV 线路保护装置 PSL621C 操作回路图

四、任务咨询

引导问题 1：如图 3-3-2 所示是分闸回路简化图，请根据小提示，回答以下子问题。

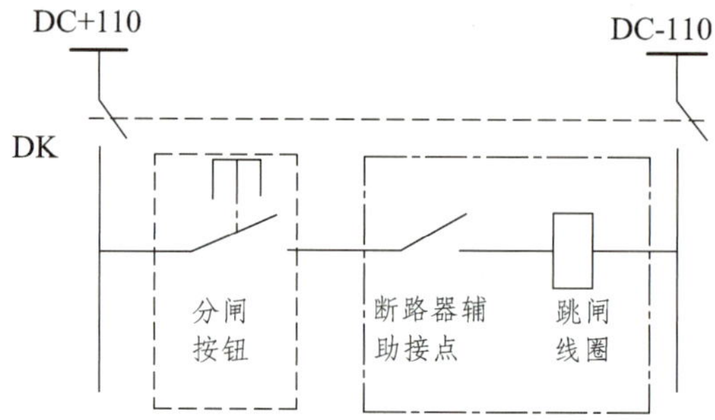

图 3-3-2　分闸回路简化图

小提示 1：图 3-3-2 中，DK 为控制电源空气开关，控制电源的通断。 小提示 2：图 3-3-2 中，分闸按钮为操作断路器分闸的控制按钮。 小提示 3：图 3-3-2 中，断路器辅助接点为常开辅助接点，其状态与断路器的真实位置一致。 小提示 4：图 3-3-2 中，当 + 110 V、-110 V 分别加至跳闸线圈两端，该线圈励磁，经过固有的分闸延时使断路器跳开。但它不能够长时间带电。

（1）在进行跳闸准备时，DK 应该在合位还是分位？

答：

（2）在进行跳闸准备时，当前断路器应该在分位还是合位？那么当前断路器辅助接点的位置是分位还是合位？

答：

（3）当按下分闸按钮进行分闸操作时，试着完成该回路的识读。

答：

引导问题 2：请根据小提示，完成图 3-3-3 的识读？

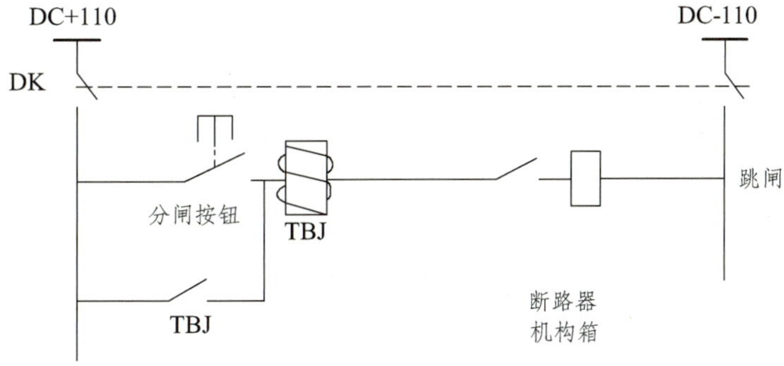

图 3-3-3　带自保持回路的分闸回路简化图

> 小提示 1：图中，为自保持继电器的线圈，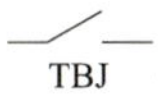为自保持继电器的常开接点。
>
> 小提示 2：当 + 110 V、-110 V 分别加至继电器线圈两端，该继电器励磁，其常开接点闭合，常闭接点打开。
>
> 小提示 3：识图原则：先线圈后接点，先左边后右边，先上面后下面。

答：

引导问题 3：请根据图 3-3-4 分析，当前断路器在合位，如何实现保护跳闸？

答：

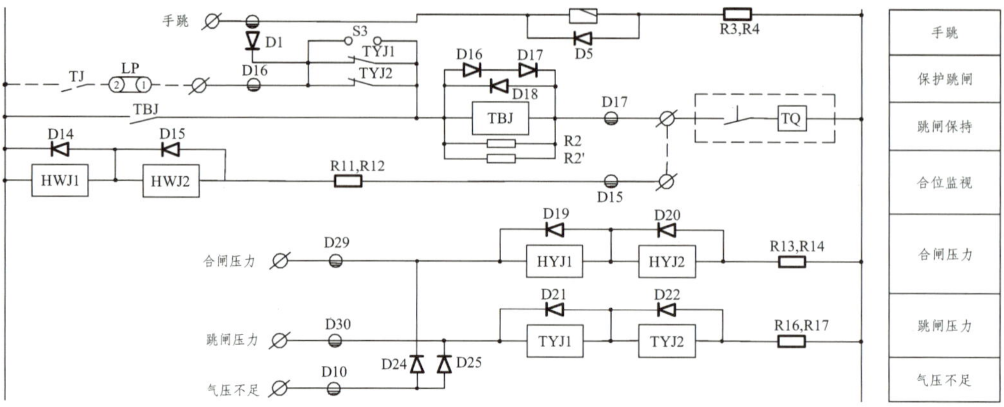

图 3-3-4 跳闸回路详图

> 小提示：图中 TYJ1、TYJ2 为断路器跳闸压力低继电器，当断路器跳闸压力低，无法实现跳闸时，该继电器励磁，其常闭接点断开；当断路器跳闸压力正常，可以实现跳闸时，该继电器不励磁，其常闭接点闭合。

引导问题 4：请根据图 3-3-4 分析，当前断路器在合位，如何实现手跳？

答：

引导问题 5：如图 3-3-5 所示是合闸回路简化图，请根据提示，回答以下子问题？

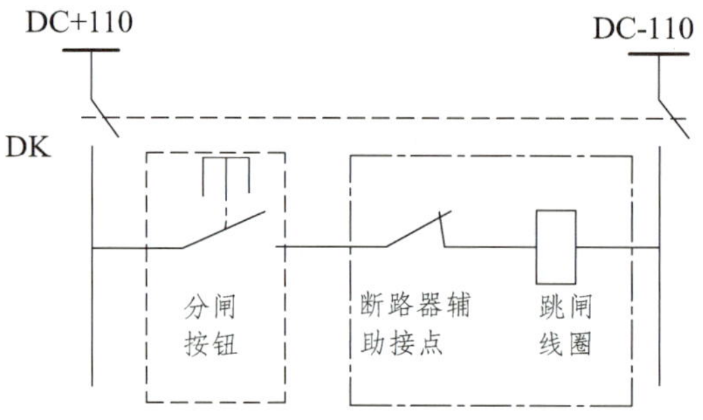

图 3-3-5 合闸回路简化图

> 小提示：图中，断路器辅助接点为常闭辅助接点，其状态与断路器的真实位置相反。

（1）在进行合闸准备时，DK 应该在合位还是分位？

答：

（2）在进行跳闸准备时，当前断路器应该在分位还是合位？那么当前断路器辅助接点的位置是分位还是合位？

答：

（3）当按下合闸按钮进行合闸操作时，试着完成该回路的识读。

答：

引导问题 6：请根据图 3-3-6 分析，当前断路器在分位，如何实现重合闸？

答：

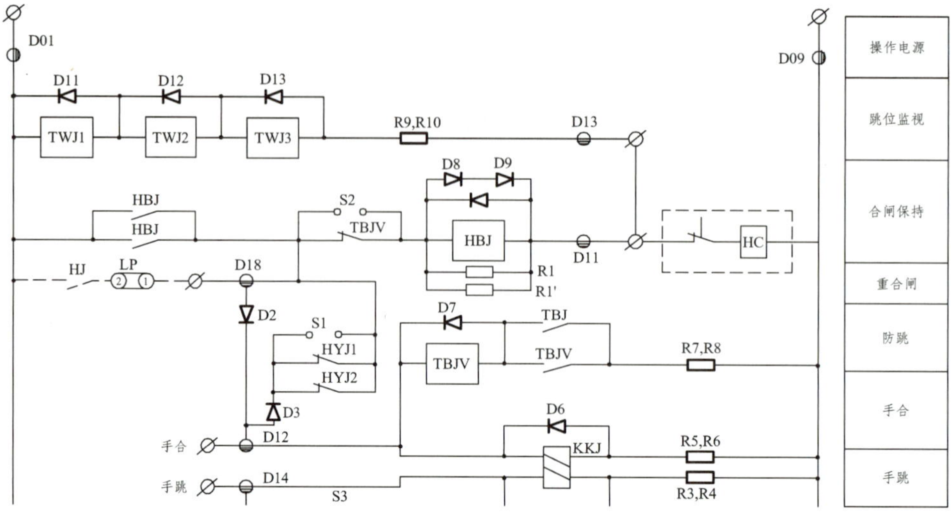

图 3-3-6　合闸回路详图

小提示：TBJV 常闭触点此处暂时默认为闭合状态。

引导问题 7：请根据图 3-3-6 分析，当前断路器在分位，如何实现手合？

答：

五、任务实施

（1）完成现场一次、二次安全措施布置。

相邻屏前后悬挂“运行设备”红布帘，工作屏前后悬挂“在此工作”标识牌，退出所有保护及保护跳合闸出口。

（2）工器具、资料准备。

万用表、一字螺丝刀、绝缘胶布、装置图纸、装置说明书。

（3）任务实施，填写表 3-3-1。

表 3-3-1　任务记录表

相间距离保护	接地距离保护	零序Ⅰ段保护	零序Ⅱ段保护
零序总投	低周减载	低压减载	重合闸功能
邻线允许加速	装置检修	信号复归	闭锁重合闸

六、工作实施流程

（1）领取任务：按组分配屏位，每组一个屏位完成任务。

（2）工作前准备：

① 人员准备：指导教师为安全监护人，组长为工作负责人，其余人员为工作成员，工作人员应清楚工作内容、安全措施，精神状态正常，无妨碍工作的病症。

② 危险点分析，安全预控措施：检查现场符合工作条件，分析本次工作危险点并做好相应预控措施，布置现场一次安全措施。

③ 工作人员穿着工作服。

（3）根据认知情况，完成试验接线。

（4）分组练习。

（5）指导老师点评实施情况；

（6）清理现场。

七、评价反馈

（1）学生自评，见附录 1《学生自评表》。

（2）团队互评，见附录 2《团队互评表》。

（3）教师评价，见表 3-3-2。

表 3-3-2　教师评价

序号	作业名称	质量标准	分值	扣分标准	扣分	得分
一、准备工作						
1	着装穿戴	安全帽、工作服、绝缘鞋穿戴正确	5	（1）未穿安全帽、工作服、工作鞋，扣 5 分； （2）着装穿戴不规范，每处扣 1 分		
2	工器具检查	检查工器具齐全，符合使用要求	5	工器具选择不正确、未检查，每个扣 1 分		

（续表）

序号	作业名称	质量标准	分值	扣分标准	扣分	得分
3	工作票办理	按照规范办理工作票（口述）	5	（1）未办理工作票该项，扣3分； （2）未到现场检查安全措施，扣2分		
二、工作过程						
1	开入量检查	（13）相间距离保护； （14）接地距离保护； （15）零序Ⅰ段保护； （16）零序Ⅱ段保护； （17）零序总投； （18）低周减载； （19）低压减载； （20）重合闸功能； （21）邻线允许加速； （22）装置检修； （23）信号复归； （24）闭锁重合闸	60	（1）漏做一个扣5分； （2）操作错误，一个扣5分		
2	二次措施及现场恢复	（1）二次安措恢复至试验前状态； （2）试验接线恢复	15	（1）二次安措未恢复至试验前状态，扣2分； （2）未拆除试验接线，扣2分		
3	试验报告	（1）装置型号、软件版本及校验码； （2）试验项目及数据； （3）记录测试仪型号； （4）试验结论	10	（1）未记录装置型号、软件版本及校验码，扣2分； （2）未记录试验项目及数据，扣3分； （3）未记录测试仪型号，扣1分； （4）未写试验结论，扣1分		
三、工作终结						
1	工作票终结	办理工作票终结（口述）	5	未办理工作票终结，扣1分		
合计			100			
考评员栏		成绩：		考评老师：		

八、相关知识点

知识点：保护防跳的定义和作用。

防跳是防止“开关跳跃”的简称。所谓跳跃是指由于合闸回路手合或遥合接点粘连等原因，造成合闸输出端一直带有合闸电压。当开关因故障跳开后，会马上又合上，保护动作开关会再次跳开，因为一直加有合闸电压，开关会再次合上。对此现象，通俗地称为“开关跳跃”。一旦发生开关跳跃，会导致开关损坏，严重的还会造成开关爆炸，所以防跳功能是操作回路里一个必不可少的部分。

九、拓展思考

闭锁重合闸开入信号是个外部输入信号，请思考它可能来自哪个装置？

单元四　变压器保护装置二次回路认知与检验

任务 1　变压器保护交流回路认知与检验

一、学习情境描述

计划对 110 kV 变压器保护装置交流回路进行检验，现场一、二次安全措施已布置完成。

二、学习目标

（1）知识目标：

① 掌握 110 kV 变压器保护装置交流电流回路的构成和作用。

② 掌握 110 kV 变压器保护装置交流电流回路的构成和作用。

（2）能力目标：

① 能正确完成 110 kV 变压器保护装置交流回路识读。

② 能规范完成 110 kV 变压器保护装置交流回路检验。

（3）思政目标：

① 了解专业规程规范：《DL/T 995—2016 继电保护和电网安全自动装置检验规程》；《DL/T 478—2013 继电保护和安全自动装置通用技术条件》；《GB/T 7261—2008 继电保护和安全自动装置基本试验方法》。

② 培养严谨认真的工作作风。

③ 培养团队协作精神。

④ 养成良好的劳动习惯。

三、任务书

（1）110 kV 变压器保护装置交流回路识读；

（2）110 kV 变压器保护装置交流回路检验。

四、任务咨询

引导问题 1：如图 4-1-1 所示是一条 110 kV 变压器的一次接线图（简化），请指出：图中哪个一次设备为该变压器保护装置提供交流电流？哪个一次设备为该变压器保护装置提供交流电压？

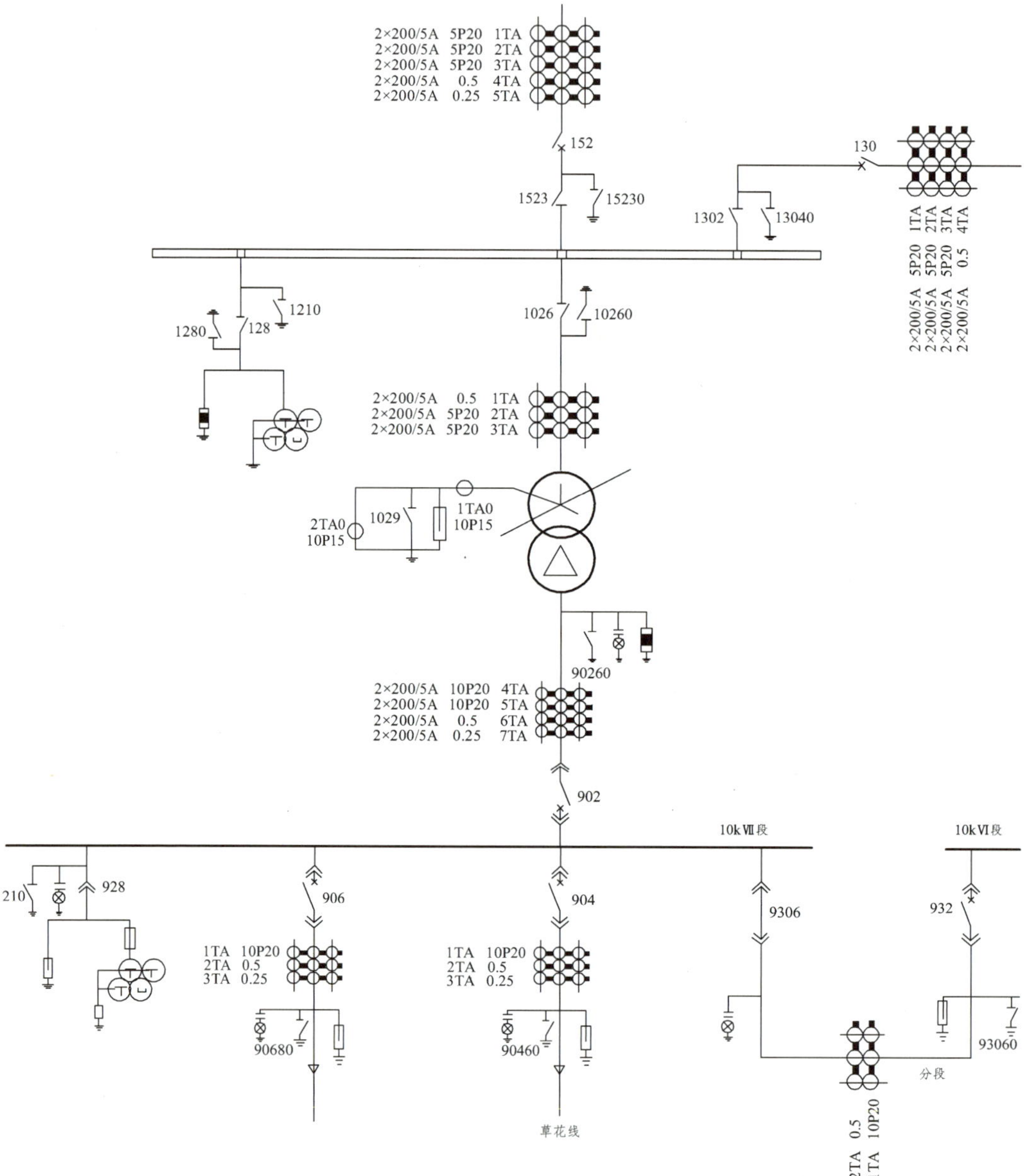

图 4-1-1　110 kV 变压器的一次接线图（简化）

答：

引导问题 2：如图 4-1-2 所示是 110 kV 变压器差动保护装置电流回路示意图，请描述该电流回路的作用。

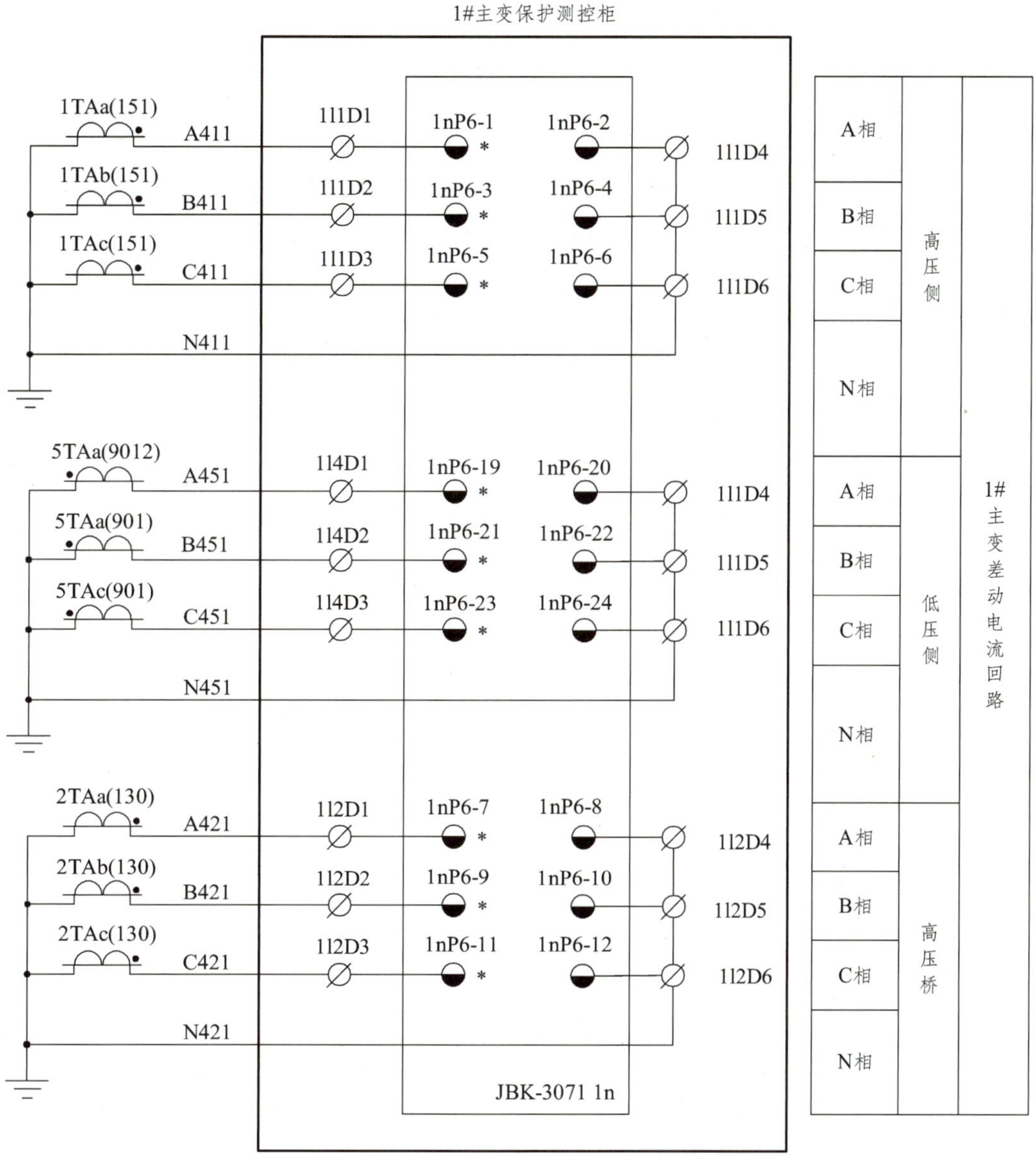

图 4-1-2　110 kV 变压器差动保护装置电流回路示意图

答：

引导问题 3：如图 4-1-3 所示为 110 kV 变压器高后备保护装置电流电压回路示意图，请描述该电流电压回路的作用。

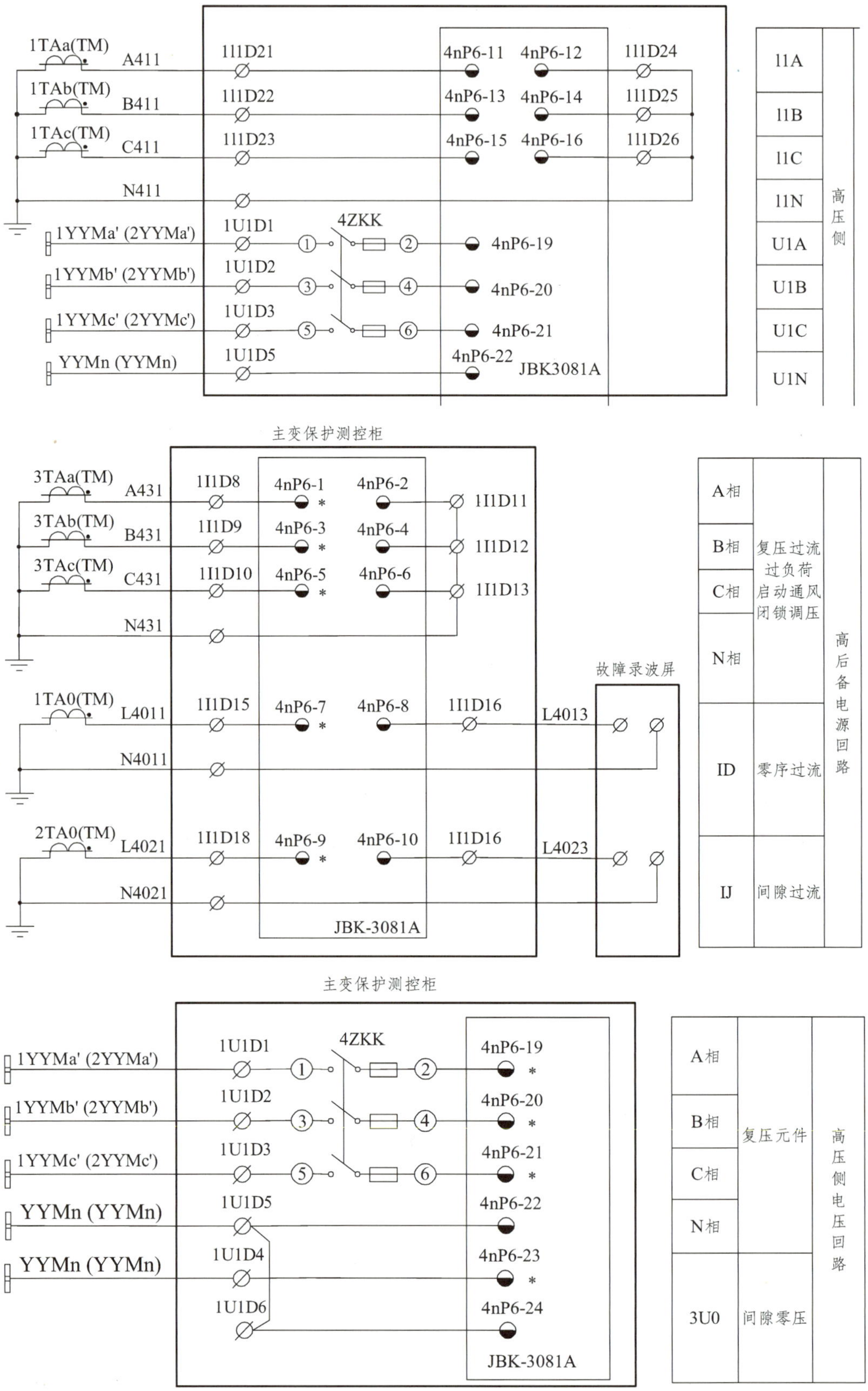

图 4-1-3　110 kV 变压器高后备保护装置电流电压回路示意图

答：

引导问题 3：如图 4-1-4 所示为 110 kV 变压器低后备保护装置电流电压回路示意图，请描述该电流电压回路的作用。

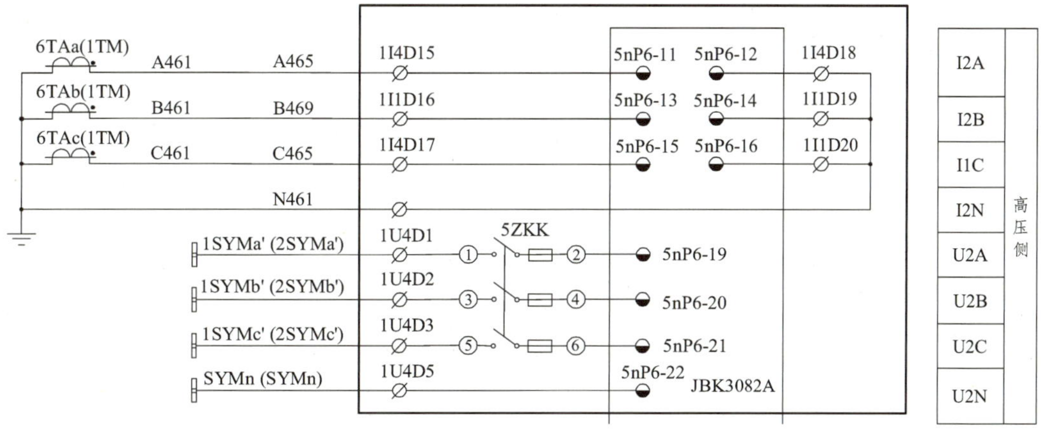

图 4-1-4　110 kV 变压器低后备保护装置电流回路示意图

答：

五、任务实施

（1）完成现场一次、二次安全措施布置。

相邻屏前后悬挂“运行设备”红布帘，工作屏前后悬挂“在此工作”标识牌，退出所有保护及保护跳合闸出口。

（2）工器具、资料准备。

万用表、一字螺丝刀、绝缘胶布、装置图纸、装置说明书。

（3）任务实施。

① 交流回路认知。

认知 110 kV 变压器差动保护装置，填写表 4-1-1。

表 4-1-1　任务记录表 1

—	回路名称	端子编号	端子内配线编号	端子外接电缆编号
高压侧	I_A			
	I_B			
	I_C			
	I_N			
低压侧	I_A			
	I_B			
	I_C			
	I_N			
高压桥	I_A			
	I_B			
	I_C			
	I_N			

认知 110 kV 变压器高后备保护装置，填写表 4-1-2。

表 4-1-2　任务记录表 2

回路名称	端子编号	端子内配线编号	端子外接电缆编号
I_A			
I_B			
I_C			
I_N			
U_A			
U_B			
U_C			
U_N			

② 检验交流回路，填写表 4-1-3。

表 4-1-3　任务记录表 3

<table>
<tr><td colspan="9">零漂检验</td></tr>
<tr><td>允许范围</td><td colspan="4">±0.01A</td><td colspan="4">±0.05V</td></tr>
<tr><td>通道</td><td>I_A</td><td>I_B</td><td>I_C</td><td>$3I_0$</td><td>U_A</td><td>U_B</td><td>U_C</td><td>$3U_0$</td></tr>
<tr><td>实测值</td><td></td><td></td><td></td><td></td><td></td><td></td><td></td><td></td></tr>
<tr><td colspan="9">采样</td></tr>
<tr><td>允许误差</td><td colspan="8">±5%</td></tr>
<tr><td>通道</td><td>I_A</td><td>I_B</td><td colspan="2">I_C</td><td>U_A</td><td>U_B</td><td colspan="2">U_C</td></tr>
<tr><td>外加量</td><td colspan="4">0.5 A</td><td colspan="4">5 V</td></tr>
<tr><td>实测值</td><td></td><td></td><td colspan="2"></td><td></td><td></td><td colspan="2"></td></tr>
<tr><td>误差值</td><td></td><td></td><td colspan="2"></td><td></td><td></td><td colspan="2"></td></tr>
<tr><td>结论</td><td></td><td></td><td colspan="2"></td><td></td><td></td><td colspan="2"></td></tr>
<tr><td>外加量</td><td colspan="4">1 A</td><td colspan="4">57.7 V</td></tr>
<tr><td>实测值</td><td></td><td></td><td colspan="2"></td><td></td><td></td><td colspan="2"></td></tr>
<tr><td>误差值</td><td></td><td></td><td colspan="2"></td><td></td><td></td><td colspan="2"></td></tr>
<tr><td>结论</td><td></td><td></td><td colspan="2"></td><td></td><td></td><td colspan="2"></td></tr>
<tr><td>外加量</td><td colspan="4">10 A</td><td colspan="4">70 V</td></tr>
<tr><td>实测值</td><td></td><td></td><td colspan="2"></td><td></td><td></td><td colspan="2"></td></tr>
<tr><td>误差值</td><td></td><td></td><td colspan="2"></td><td></td><td></td><td colspan="2"></td></tr>
<tr><td>结论</td><td></td><td></td><td colspan="2"></td><td></td><td></td><td colspan="2"></td></tr>
</table>

六、工作实施流程

（1）领取任务：按组分配屏位，每组一个屏位完成任务。

（2）工作前准备。

① 人员准备：指导教师为安全监护人，组长为工作负责人，其余人员为工作成员，工作人员应清楚工作内容、安全措施，精神状态正常，无妨碍工作的病症。

② 危险点分析，安全预控措施：检查现场符合工作条件，分析本次工作危险点并做好相应预控措施，布置现场一次安全措施。

③ 工作人员穿着工作服。

（3）根据认知情况，完成试验接线。

（4）分组练习。

（5）指导老师点评实施情况；

（6）清理现场。

七、评价反馈

（1）学生自评，见附录 1《学生自评表》。

（2）团队互评，见附录2《团队互评表》。

（3）教师评价，见表 4-1-4。

表 4-1-4　教师评价

序号	作业名称	质量标准	分值	扣分标准	扣分	得分
一、准备工作						
1	着装穿戴	安全帽、工作服、绝缘鞋穿戴正确	5	（1）未穿安全帽、工作服、工作鞋，扣 5 分；（2）着装穿戴不规范，每处扣 1 分		
2	工器具检查	检查工器具齐全，符合使用要求	5	工器具选择不正确、未检查，每个扣 1 分		
3	工作票办理	按照规范办理工作票（口述）	5	（1）未办理工作票该项，扣 3 分（2）未到现场检查安全措施，扣 2 分		
二、工作过程						
1	装置设置	（1）退出保护硬压板；（2）退出保护软压板；（3）退出保护控制字	16	（1）每漏一项扣 2 分；（2）记录错误，一处扣 2 分		
2	试验接线	（1）测试仪接地；（2）测试仪电流、电压接线；（3）测试仪开入量接线	14	（1）测试仪未接地，扣 1 分；（2）测试仪电流、电压接线不正确，扣 2 分；（3）测试仪开入量未接线，扣 1 分		
3	采样精度检验	（1）交流电流大小、相位检验；（2）交流电压大小、相位检查；（3）检查指示灯、装置有无异常，通道有无告警	20	（1）漏退一个扣 2 分；（2）操作错误，一个扣 2 分		
4	二次措施及现场恢复	（1）二次安措恢复至试验前状态；（2）试验接线恢复	20	（1）二次安措未恢复至试验前状态，扣 2 分；（2）未拆除试验接线，扣 2 分		
5	试验报告	（1）装置型号、软件版本及校验码；（2）试验项目及数据；（3）记录测试仪型号；（4）试验结论	10	（1）未记录装置型号、软件版本及校验码，扣 2 分；（2）未记录试验项目及数据，扣 3 分；（3）未记录测试仪型号，扣 1 分；（4）未写试验结论，扣 1 分		
三、工作终结						
1	工作票终结	办理工作票终结（口述）	5	未办理工作票终结，扣 1 分		
合计			100			
考评员栏		成绩：		考评老师：		

八、相关知识点

知识点 1：模数变换系统检验规范要求

模数变换系统检验应按以下进行。

（1）检验零点漂移。进行本项目检验时，要求保护装置不输入交流电流、电压量。观察装置在一段时间内的零漂值满足装置技术条件的规定。

（2）各电流、电压输入的幅值和相位精度检验。新安装保护装置的验收检验时，按照装置技术说明书规定的试验方法，分别输入不同幅值和相位的电流、电压量，观察装置的采样值满足装置技术条件的规定。全部检验时，可仅分别输入不同幅值的电流、电压量；部分检验时，可仅分别输入额定电流、电压量。

知识点 2：误差计算方法

$$\text{误差}=\left|\frac{\text{测得结果}-\text{约定真值}}{\text{约定真值}}\right|\times 100\%$$

式中，测得结果为实测值；约定真值为测试仪外加值。

九、拓展思考

现需要对该装置零序电压、零序电流和间隙电流回路进行采样检验，请根据装置图纸，梳理出端子编号。

任务 2　变压器保护开关量回路认知与检验

一、学习情境描述

计划对 110 kV 变压器保护装置开关量回路进行检验，现场一、二次安全措施已布置完成。

二、学习目标

（1）知识目标：

① 掌握 110 kV 变压器保护装置开关量输入回路的构成和作用。

② 掌握 110 kV 变压器保护装置开关量输出回路的构成和作用。

（2）能力目标：

① 能正确完成 110 kV 变压器保护装置开关量回路识读。

② 能规范完成 110 kV 变压器保护装置开关量回路检验。

（3）思政目标：

① 了解专业规程规范：《DL/T 995—2016 继电保护和电网安全自动装置检验规程》；《DL/T 478—2013 继电保护和安全自动装置通用技术条件》；《GB/T 7261—

2008 继电保护和安全自动装置基本试验方法》。

② 培养严谨认真的工作作风。

③ 培养团队协作精神。

④ 养成良好的劳动习惯。

三、任务书

（1）110 kV 变压器保护装置开关量回路识读；

（2）110 kV 变压器保护装置开关量回路检验。

四、任务咨询

引导问题 1：如图 4-2-1 所示为 110 kV 变压器主保护保护和后备保护装置中硬压板回路图。请问查勘 110 kV 变压器保护屏，配置了哪些硬压板输入回路？

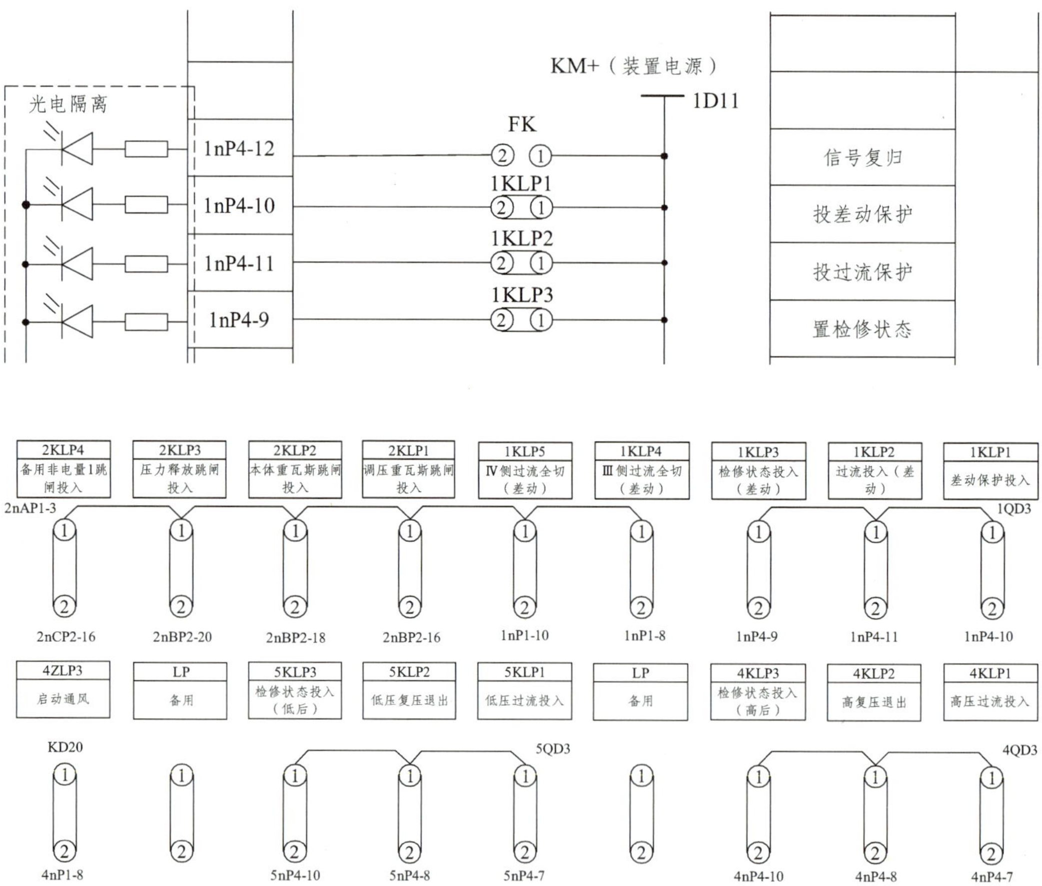

图 4-2-1　110 kV 变压器主保护保护和后备保护装置中硬压板回路图

答：

引导问题 2：如图 4-2-2 所示为 110 kV 变压器差动、高/低后备保护跳闸输出回路示意图。请问查勘 110 kV 变压器保护屏，有哪些跳闸输出回路？

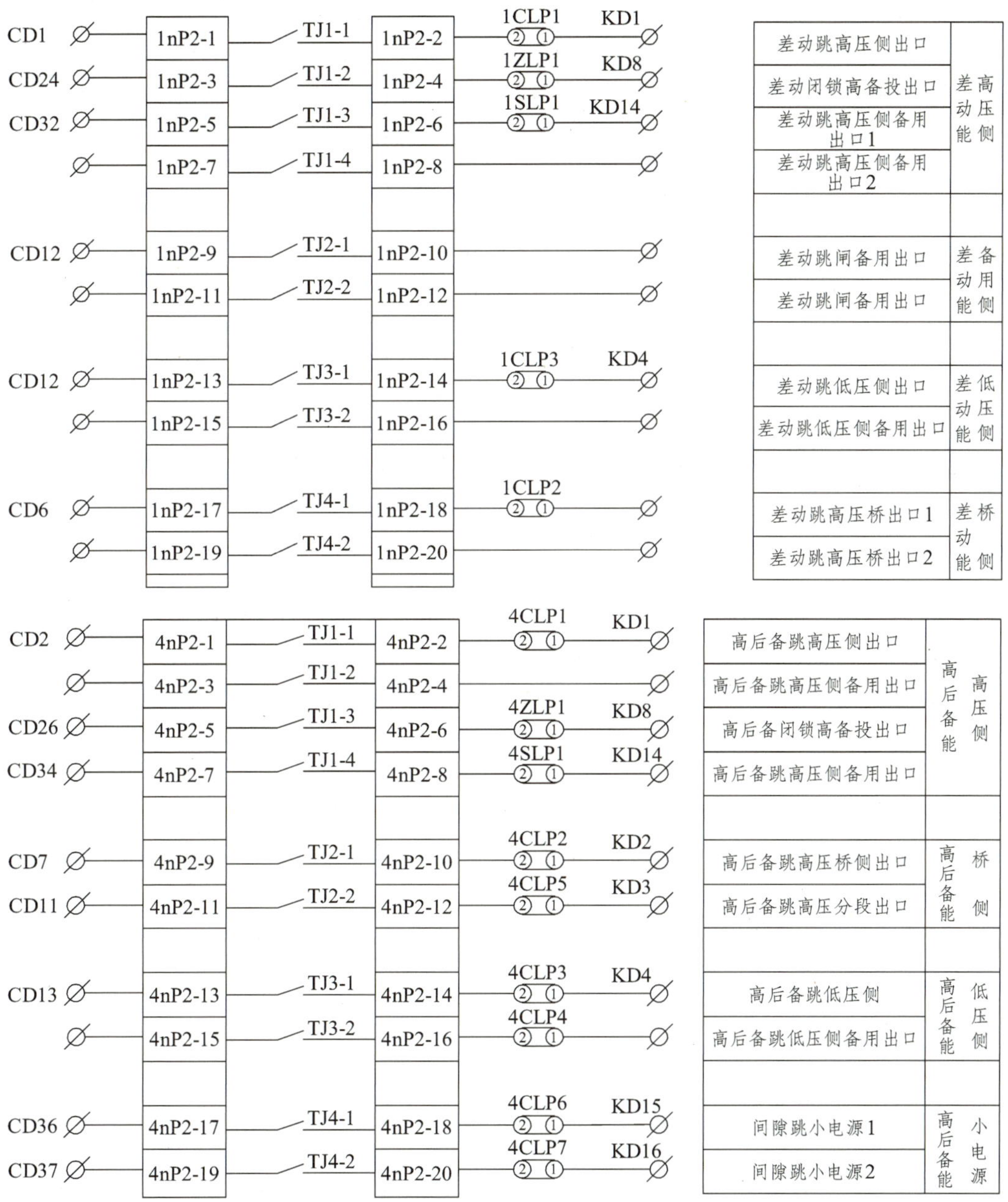

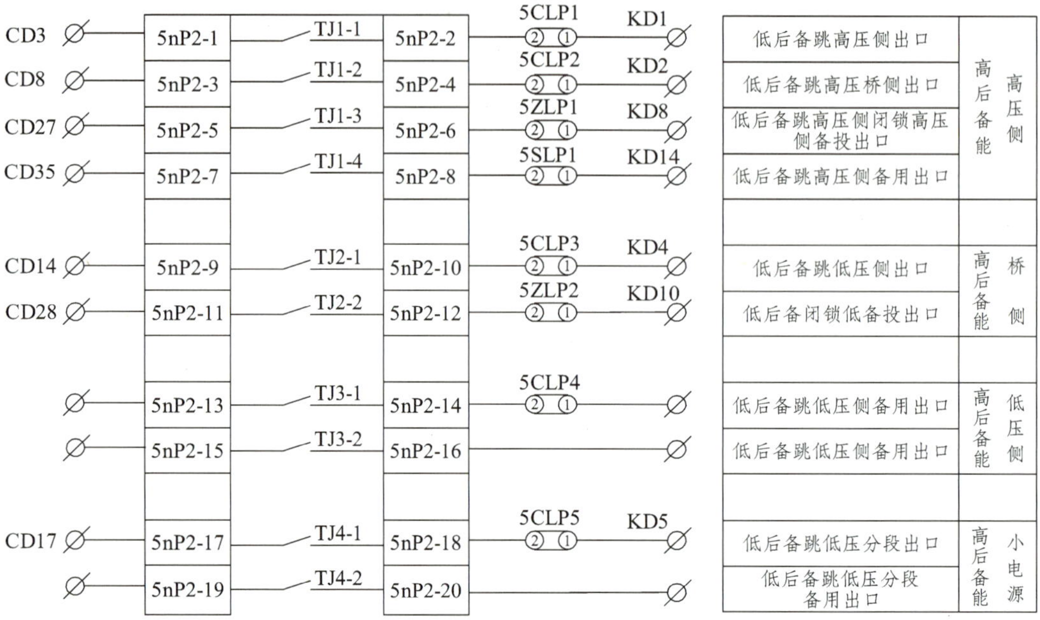

图 4-2-2　110 kV 变压器差动、高/低后备保护跳闸输出回路示意图

答：

五、任务实施

（1）完成现场安全措施布置。

（2）工器具、资料准备：微机型继电保护测试仪、万用表、一字螺丝刀、绝缘胶布、装置图纸、装置说明书。

（3）填写回路检验记录单（见表 4-2-1）。

表 4-2-1　变压器保护装置输入/输出回路检验记录单

序号	输入/输出回路名称	检验结果

（续表）

序号	输入/输出回路名称	检验结果

六、工作实施流程

（1）领取任务：按组分配屏位，每组一个屏位完成任务。

（2）工作前准备：

① 人员准备：指导教师为安全监护人，组长为工作负责人，其余人员为工作成员，工作人员应清楚工作内容、安全措施，精神状态正常，无妨碍工作的病症。

② 危险点分析，安全预控措施：检查现场符合工作条件，分析本次工作危险点并做好相应预控措施。

（3）工作人员穿着工作服。

（4）根据认知情况，完成试验接线。

（5）分组练习。

（6）指导老师点评实施情况；

（7）清理现场。

七、评价反馈

（1）学生自评，见附录1《学生自评表》；

（2）团队互评，见附录2《团队互评表》；

（3）教师评价，见表4-2-2。

表 4-2-2　教师评价

序号	作业名称	质量标准	分值	扣分标准	扣分	得分
一、准备工作						
1	着装穿戴	安全帽、工作服、绝缘鞋穿戴正确	5	（1）未穿安全帽、工作服、工作鞋，扣5分； （2）着装穿戴不规范，每处扣1分		
2	工器具检查	检查工器具齐全，符合使用要求	5	工器具选择不正确、未检查，每个扣1分		

（续表）

序号	作业名称	质量标准	分值	扣分标准	扣分	得分
3	工作票办理	按照规范办理工作票（口述）	5	（1）未办理工作票该项，扣3分； （2）未到现场检查安全措施，扣2分		
二、工作过程						
1	开入量检验	装置显示与实现开入量相符	20	（1）漏检验一个扣4分； （2）操作错误，一个扣4分		
2	开出量检验	开出信号或跳闸出口与实现开出量相符	20	（1）漏检验一个扣4分； （2）操作错误，一个扣4分		
3	二次措施及现场恢复	（1）二次安措恢复至试验前状态 （2）试验接线恢复。	20	（1）二次安措未恢复至试验前状态，扣2分； （2）未拆除试验接线，扣2分		
4	试验报告	（1）装置型号、软件版本及校验码 （2）试验项目及数据 （3）记录测试仪型号 （4）试验结论	10	（1）未记录装置型号、软件版本及校验码，扣2分； （2）未记录试验项目及数据，扣3分； （3）未记录测试仪型号，扣1分； （4）未写试验结论，扣1分		
三、工作终结						
1	工作票终结	办理工作票终结（口述）	5	未办理工作票终结，扣1分		
合计			100			
考评员栏		成绩：		考评老师：		

八、相关知识点

知识点1：变压器保护输入回路检验。

保护装置标准化设计中规定开关量输入定义采用正逻辑，即接点闭合为“1”，接点断开为“0”。开关量输入“1”和“0”的定义应统一规范为：“1”肯定所表述的功能，“0”否定所表述的功能。

（1）硬压板开入。

硬压板开入的设置主要是保护功能的一些投退压板，通过该压板的开入可以投入或退出一些保护功能。硬压板的开入检验较简单，可通过依次投、退保护屏上各保护功能投入压板，如投入图4-2-1的“投差动保护1KLP1”，然后在差动保护装置的液晶屏幕上查看显示的开关量变位情况，一般投入时会显示“1”或投入，退出时会显示“0”或退出。在投退压板时，如开入不正确请查明开入电源是否有问题或者硬压板是否拧紧。

（2）按钮及切换开关的开入。

在保护屏上往往会设置一些按钮和切换开关，如试验按钮、复归按钮及重合闸切换把手、打印按钮等等。这类开入的检验很简单，如按下图4-2-1的“信号复归FK”，然后在保护装置的液晶屏幕上查看显示的开关量变位情况。

对开关量的输入检验规定：全部检验时，仅对已投入使用的开关量输入回路依次加入激励量，观察装置的行为。而对于部分检验时，可随装置的整组试验一并进行。

知识点 2：变压器保护输出回路检验。

应模拟相间或接地故障，分别用差动保护、高/低后备保护，检验跳变压器各侧断路器的先后顺序等动作行为是否正确；对于不能传动的断路器，如母联或分段断路器、旁路断路器，可采用测电位或接点导通法，检测到其相应出口压板或端子接线电缆上。

现在的微机保护装置为了调试检验方便，具有传动试验功能，即可以在正常情况下，由保护装置在测试状态下发出相关命令，驱动相关的信号和跳闸继电器动作，以方便对出口继电器和其他信号继电器的检查，而不用通过加故障量进行试验的方式。具有该功能的保护装置一般有调试及运行的切换功能，可进行运行方式和调试方式的切换。在进入到调试状态时，保护灯将熄灭，保护将由运行状态转入到调试状态。

任务 3　变压器保护非电量信号开入回路认知与检验

一、学习情境描述

计划对 110 kV 变压器非电量保护装置开关量回路进行检验，现场一、二次安全措施已布置完成。

二、学习目标

（1）知识目标：

① 掌握 110 kV 变压器非电量保护装置开关量输入回路的构成和作用。

② 掌握 110 kV 变压器非电量保护装置开关量输出回路的构成和作用。

（2）能力目标：

① 能正确完成 110 kV 变压器非电量保护装置开关量回路识读。

② 能规范完成 110 kV 变压器非电量保护装置开关量回路检验。

（3）思政目标：

① 了解专业规程规范：《DL/T 995—2016 继电保护和电网安全自动装置检验规程》；《DL/T 478—2013 继电保护和安全自动装置通用技术条件》；《GB/T 7261—2008 继电保护和安全自动装置基本试验方法》。

② 培养严谨认真的工作作风。

③ 培养团队协作精神。

④ 养成良好的劳动习惯。

三、任务书

110 kV 变压器非电量保护装置回路进行识读和检验。

四、任务咨询

引导问题 1： 如图 4-3-1 是 110 kV 变压器非电量保护信号输出回路示意图，图 4-3-2 和图 4-3-3 所示是 110 kV 变压器非电量保护装置输入回路和输出回路，请问 110 kV 变压器非电量保护有哪些？

答：

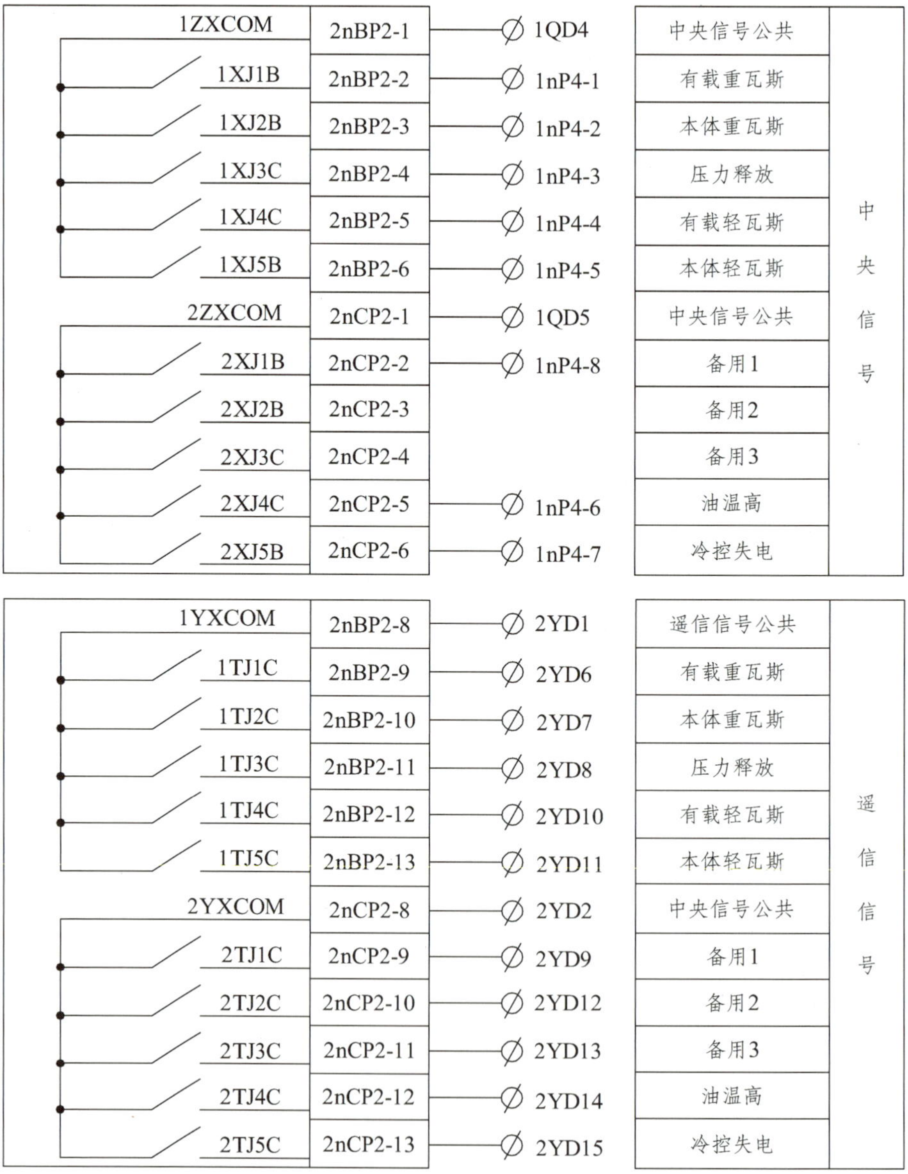

图 4-3-1　110 kV 变压器非电量保护信号输出回路示意图

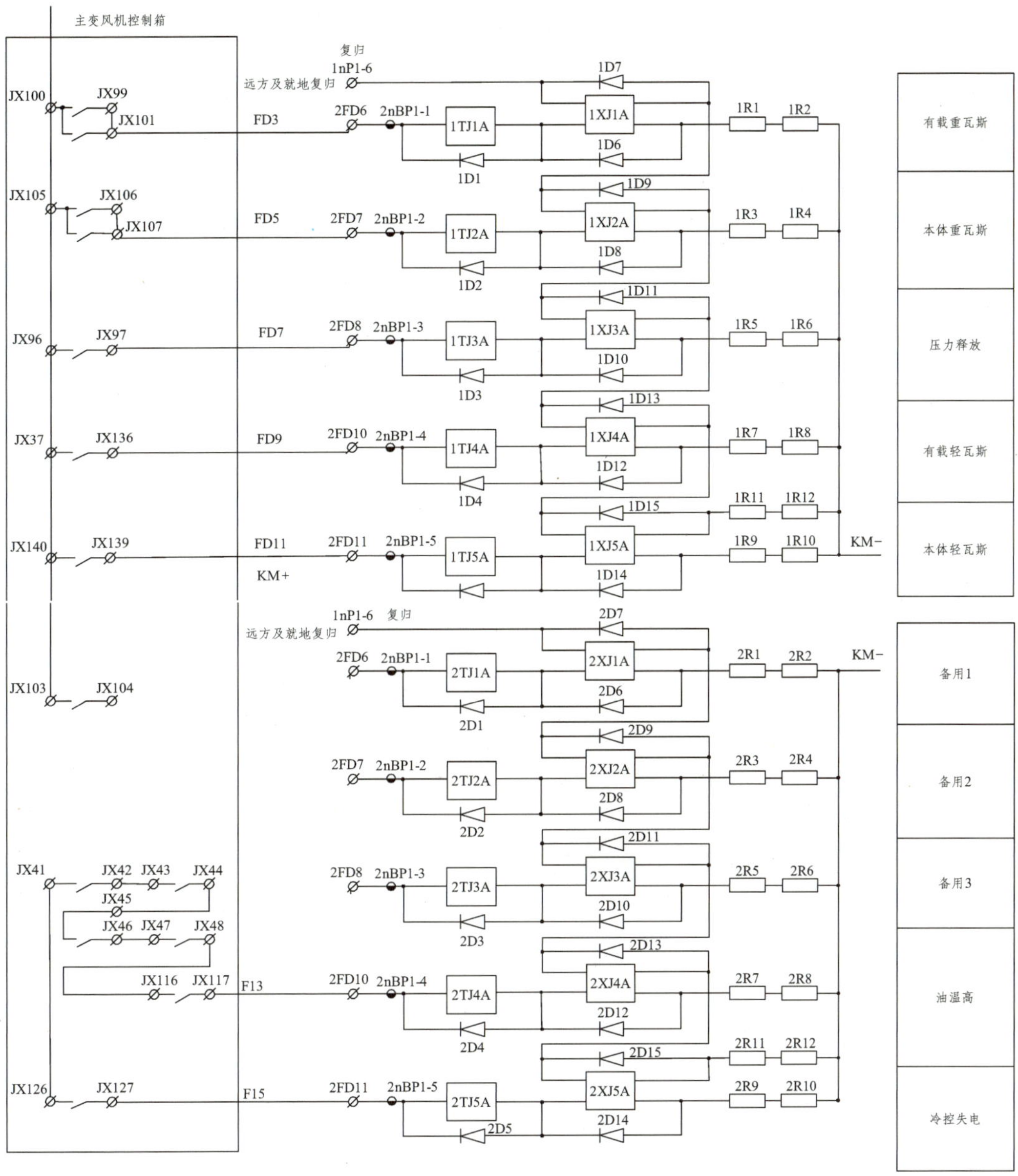

图 4-3-2　110 kV 变压器非电量保护输入回路示意图

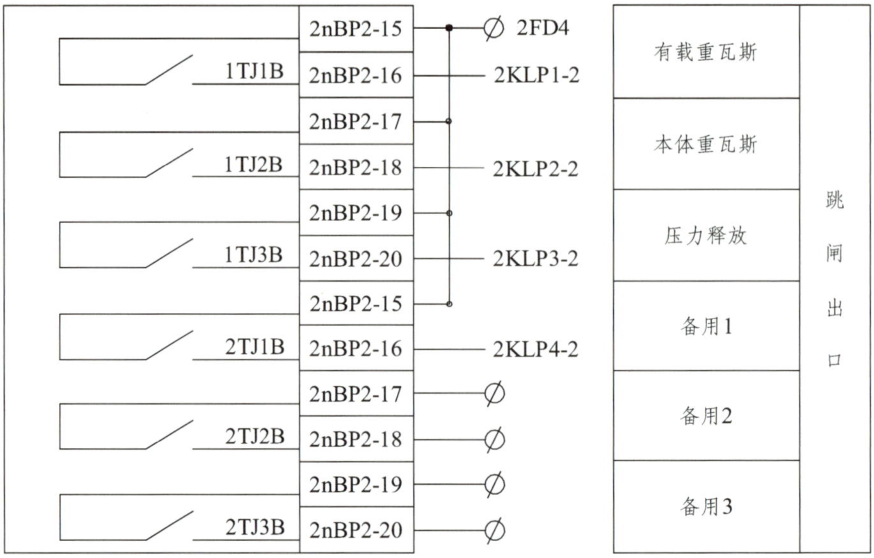

图 4-3-3　110 kV 变压器非电量保护输出回路示意图

五、任务实施

（1）完成现场安全措施布置。

（2）工器具、资料准备：微机型继电保护测试仪、万用表、一字螺丝刀、绝缘胶布、装置图纸、装置说明书。

（3）填写回路检验记录单（见表 4-3-1）。

图 4-3-1　回路检验记录单

序号	输入/输出回路名称	检验结果

六、工作实施流程

（1）领取任务：按组分配屏位，每组一个屏位完成任务。

（2）工作前准备：

① 人员准备：指导教师为安全监护人，组长为工作负责人，其余人员为工作成员，工作人员应清楚工作内容、安全措施，精神状态正常，无妨碍工作的病症。

② 危险点分析，安全预控措施：检查现场符合工作条件，分析本次工作危险点并做好相应预控措施。

（3）工作人员穿着工作服。

（4）根据认知情况，完成试验接线。

（5）分组练习。

（6）指导老师点评实施情况；

（7）清理现场。

七、评价反馈

（1）学生自评，见附录1《学生自评表》。

（2）团队互评，见附录2《团队互评表》。

（3）教师评价，见表4-3-2。

表4-3-2 教师评价

序号	作业名称	质量标准	分值	扣分标准	扣分	得分
一、准备工作						
1	着装穿戴	安全帽、工作服、绝缘鞋穿戴正确	5	（1）未穿安全帽、工作服、工作鞋，扣5分； （2）着装穿戴不规范，每处扣1分		
2	工器具检查	检查工器具齐全，符合使用要求	5	工器具选择不正确、未检查，每个扣1分		
3	工作票办理	按照规范办理工作票（口述）	5	（1）未办理工作票该项，扣3分； （2）未到现场检查安全措施，扣2分		
二、工作过程						
1	开入量检验	装置显示与实现开入量相符	20	（1）漏检验一个扣4分； （2）操作错误，一个扣4分		
2	开出量检验	开出信号或跳闸出口与实现开出量相符	20	（1）漏检验一个扣4分； （2）操作错误，一个扣4分		
3	二次措施及现场恢复	（1）二次安措恢复至试验前状态； （2）试验接线恢复	20	（1）二次安措未恢复至试验前状态，扣2分； （2）未拆除试验接线，扣2分		
4	试验报告	（1）装置型号、软件版本及校验码； （2）试验项目及数据； （3）记录测试仪型号； （4）试验结论	10	（1）未记录装置型号、软件版本及校验码，扣2分； （2）未记录试验项目及数据，扣3分； （3）未记录测试仪型号，扣1分； （4）未写试验结论，扣1分		

（续表）

序号	作业名称	质量标准	分值	扣分标准	扣分	得分
三、工作终结						
1	工作票终结	办理工作票终结（口述）	5	未办理工作票终结，扣1分		
合计			100			
考评员栏		成绩：		考评老师：		

八、相关知识点

知识点：变压器非电量保护。

变压器非电量保护，主要有瓦斯保护、压力保护、温度保护、油位保护及冷却器全停保护。

（一）瓦斯保护

瓦斯保护是变压器油箱内绕组短路故障及异常的主要保护。其作用原理是：变压器内部故障时，在故障点产生往往伴随有电弧的短路电流，造成油箱内局部过热并使变压器油分解、产生气体（瓦斯），进而造成喷油、冲动斯继电器，瓦斯保护动作。

瓦斯保护分为轻瓦斯保护及重瓦斯保护两种。轻瓦斯保护作用于信号，重瓦斯保护作用于信号，重瓦斯保护作用于切除变压器。

重瓦斯保护是油箱内部故障的主保护，它能反映变压器内部的各种故障。当变压器少数绕组发生匝间短路时，虽然故障点的故障电流很大，但在差动保护中产生的差流可能不大，差动保护可能拒动。此时，靠重瓦斯保护切除故障。瓦斯保护通过非电量的出口接点跳闸。

瓦斯继电器装在变压器本体上，在运行中应当防止瓦斯继电器由于各种原因造成的误动。

（二）压力保护

压力保护也是变压器油箱内部故障的主保护。其作用原理与重瓦斯保护基本相同，但它是反应变压器油的压力的。

压力继电器又称压力开关，由弹簧和触点构成。置于变压器本体油箱上部。

当变压器内部故障时，温度升高，油膨胀压力增高，弹簧动作带动继电器动接点，使接点闭合，切除变压器。

（三）温度及油位保护

当变压器温度升高时，温度保护动作发出告警信号。

油位是反映油箱内油位异常的保护。运行时，因变压器漏油或其他原因使油位降低时动作，发出告警信号。

（四）冷却器全停保护

为提高传输能力，对于大型变压器均配置有各种的冷却系统。在运行中，若冷却系统全停，变压器的温度将升高。若不及时处理，可能导致变压器绕组绝缘损坏。

冷却器全停保护，是在变压器运行中冷却器全停时动作。其动作后应立即发出告警信号，并经长延时切除变压器。

单元五　母线保护装置二次回路认知与检验

任务 1　母线保护交流回路认知与检验

一、学习情境描述

计划对成都东变电站母线保护装置交流回路进行检验，现场一、二次安全措施已布置完成。

二、学习目标

（1）知识目标：

① 掌握母线保护装置交流电流回路的构成和作用。

② 掌握母线保护装置交流电压回路的构成和作用。

（2）能力目标：

① 能正确完成母线保护装置交流回路识读。

② 能规范完成母线保护装置交流回路检验。

（3）思政目标：

① 了解专业规程规范：《DL/T 995—2016 继电保护和电网安全自动装置检验规程》；《DL/T 478—2013 继电保护和安全自动装置通用技术条件》；《GB/T 7261—2008 继电保护和安全自动装置基本试验方法》。

② 培养严谨认真的工作作风。

③ 培养团队协作精神。

④ 养成良好的劳动习惯。

三、任务书

对母线保护装置交流回路进行检验。

四、任务咨询

引导问题 1： 母线保护交流回路包含哪几个部分？

引导问题 2： 查阅母线保护装置白图 1（见图 5-1-1），画出母联支路交流电流回路。

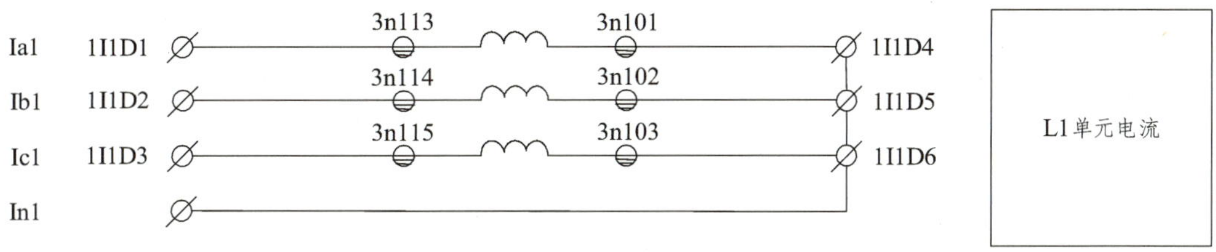

图 5-1-1　母线保护装置白图 1

引导问题 3： 查阅母线保护装置白图 2（见图 5-1-2），画出主变支路交流电流回路。

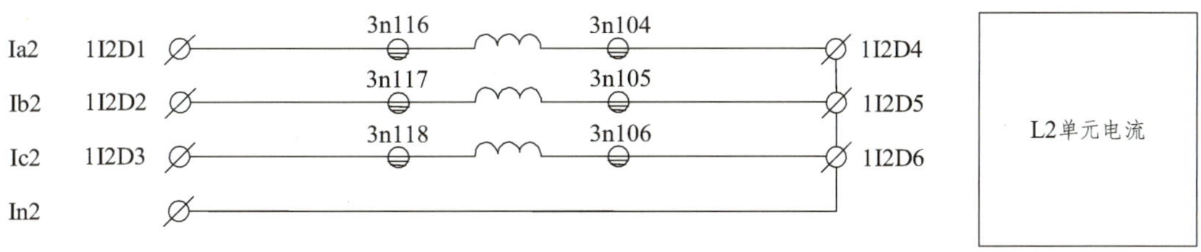

图 5-1-2　母线保护装置白图 2

引导问题 4： 查阅母线保护装置白图 3（见图 5-1-3），画出线路支路交流电流回路。

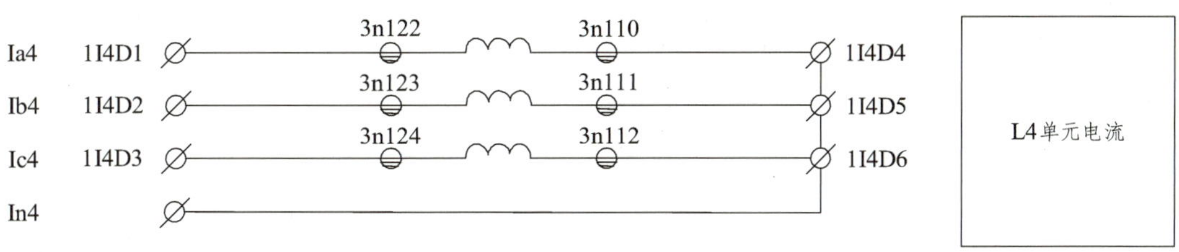

图 5-1-3　母线保护装置白图 3

引导问题 5： 查阅母线保护装置白图 4（见图 5-1-4），画出交流电压回路。

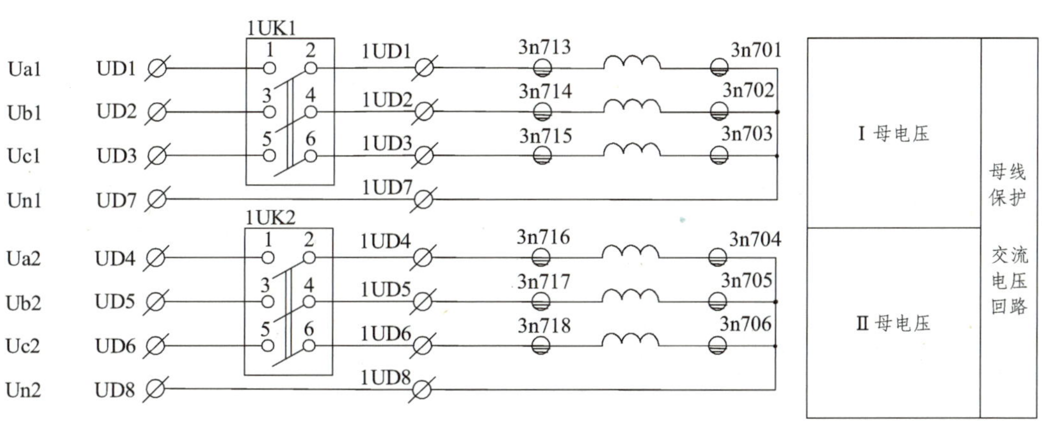

图 5-1-4　母线保护装置白图 4

五、任务实施

（1）完成现场一次、二次安全措施布置。

相邻屏前后悬挂“运行设备”红布帘，工作屏前后悬挂“在此工作”标识牌，退出所有保护及保护跳合闸出口。

（2）工器具、资料准备：微机型继电保护测试仪、万用表、一字螺丝刀、绝缘胶布、装置图纸、装置说明书。

（3）任务实施。

① 认知交流回路，填写表 5-1-1。

表 5-1-1　任务记录表 1

回路名称	端子编号	端子内配线编号	端子外接电缆编号
I_A			
I_B			
I_C			
I_N			
U_A			
U_B			
U_C			
U_N			

② 检验交流回路，填写表 5-1-2 和表 5-1-3。

表 5-1-2　任务记录表 2

零漂检验								
允许范围	±0.01A				±0.05V			
通道	I_A	I_B	I_C	$3I_0$	U_A	U_B	U_C	$3U_0$
实测值								
采样								
允许误差	±5%							
通道	I_A	I_B	I_C		U_A	U_B	U_C	
外加量	0.5 A				5 V			
实测值								
误差值								
结论								
外加量	1 A				57.7 V			
实测值								
误差值								
结论								

（续表）

外加量	10 A			70 V		
实测值						
误差值						
结论						

表 5-1-3　母线保护交流回路检验记录单

		测试仪加量值	保护装置采样值	检验结果
零漂检验	电流			
	电压			
交流电流回路检验	母联支路			
	主变支路			
	线路支路			
交流电压回路检验	Ⅰ母			
	Ⅱ母			

六、工作实施流程

（1）领取任务：按组分配屏位，每组一个屏位完成任务。

（2）工作前准备：

① 人员准备：指导教师为安全监护人，组长为工作负责人，其余人员为工作成员，工作人员应清楚工作内容、安全措施，精神状态正常，无妨碍工作的病症。

② 危险点分析，安全预控措施：检查现场符合工作条件，分析本次工作危险点并做好相应预控措施，布置现场一次安全措施。

（3）工作人员穿着工作服。

（4）装置设置：投入检修压板，退出保护等

（5）检验准备：根据安全要求，断开交流回路与外部回路的连接。

（一）母线保护装置零漂检验

（1）检验接线：

进行母线保护装置零漂检验时，不需要连接测试仪。

（2）测试仪加量：

无。

（3）装置采样显示：

在母线保护装置上查看交流采样值，并进行记录。交流采样值通过间隔信息界面进行查看，如图 5-1-5 所示。

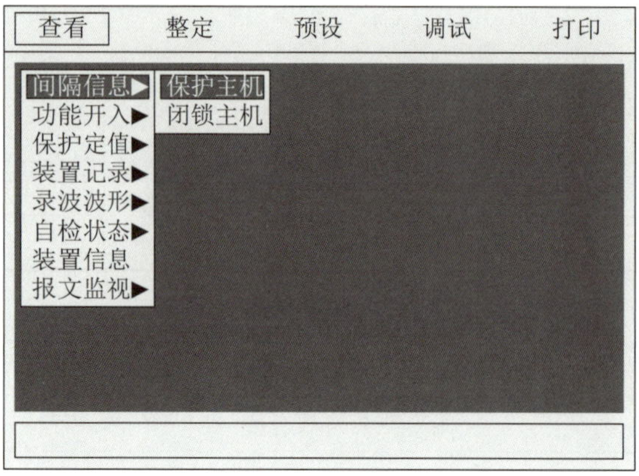

图 5-1-5　母线保护装置交流采样信息查看菜单界面

进入间隔信息界面后，翻看各支路交流电流采样值与两段母线交流电压采样值。此时保护装置无外接交流电流、电压且未连接测试仪，交流采样理论上应为 0，但由于各种因素使得交流采样值不为 0，此值即为保护装置的零漂值，记录在表 5-1-4 中。

表 5-1-4　母线保护装置零漂值记录单

验项目		装置采样值			验项目		装置采样值		
母线电压	$\dot{U}_A$				3 支路电流	$\dot{I}_A$			°
	$\dot{U}_B$					$\dot{I}_B$			°
	$\dot{U}_C$					$\dot{I}_C$			°
	$3\dot{U}_O$					$3\dot{I}_O$			°
母线电压	$\dot{U}_A$				L4 支路电流	$\dot{I}_A$			°
	$\dot{U}_B$					$\dot{I}_B$			°
	$\dot{U}_C$					$\dot{I}_C$			°
	$3\dot{U}_O$					$3\dot{I}_O$			°
L1 支路电流	$\dot{I}_A$				5 支路电流	$\dot{I}_A$			°
	$\dot{I}_B$					$\dot{I}_B$			°
	$\dot{I}_C$					$\dot{I}_C$			°
	$3\dot{I}_O$					$3\dot{I}_O$			°
2 支路电流	$\dot{I}_A$				L6 支路电流	$\dot{I}_A$			°
	$\dot{I}_B$					$\dot{I}_B$			°
	$\dot{I}_C$					$\dot{I}_C$			°
	$3\dot{I}_O$					$3\dot{I}_O$			°

（4）误差计算。

保护装置零漂值正常范围为：

交流电流：0 ± 0.01 A

交流电压：0 ± 0.05 V

（5）检验结果。

若记录的交流电流、交流电压采样值在零漂值正常范围内，则零漂检验合格。

（6）检验完成。

试验结束后，记录试验数据。清理现场，恢复现场安全措施，整理工器具和仪器仪表。

（二）交流电流、交流电压回路检验

（1）检验接线（见图 5-1-6）。

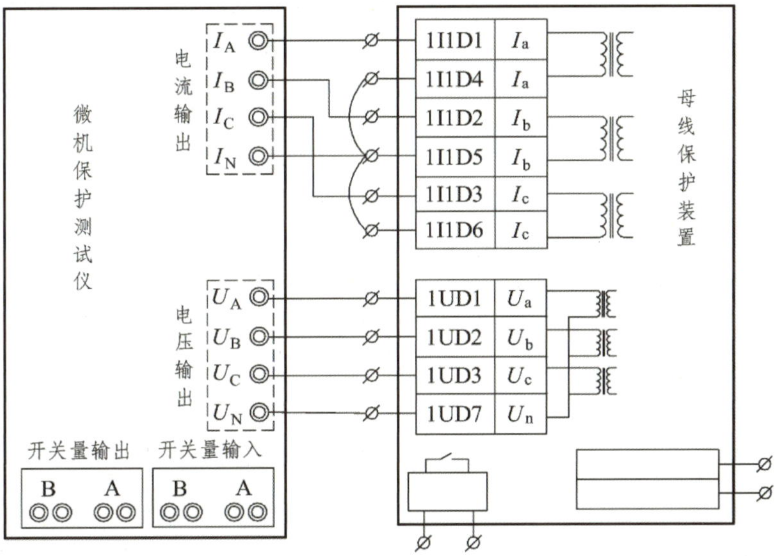

图 5-1-6　L1 支路交流电流回路与Ⅰ母交流电压回路检验接线示意图

（2）测试仪加量（见图 5-1-7）。

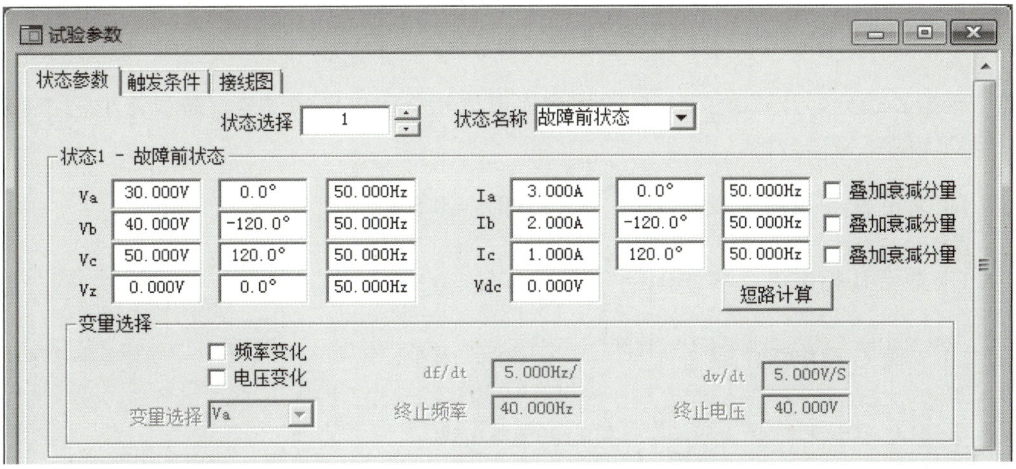

图 5-1-7　测试仪输出交流值设置示意图

（3）装置采样显示。

测试仪输出给保护装置交流量后，在母线保护装置间隔信息界面查看 L1 支路的电流采样值与Ⅰ母电压采样值，如图 5-1-8 所示。

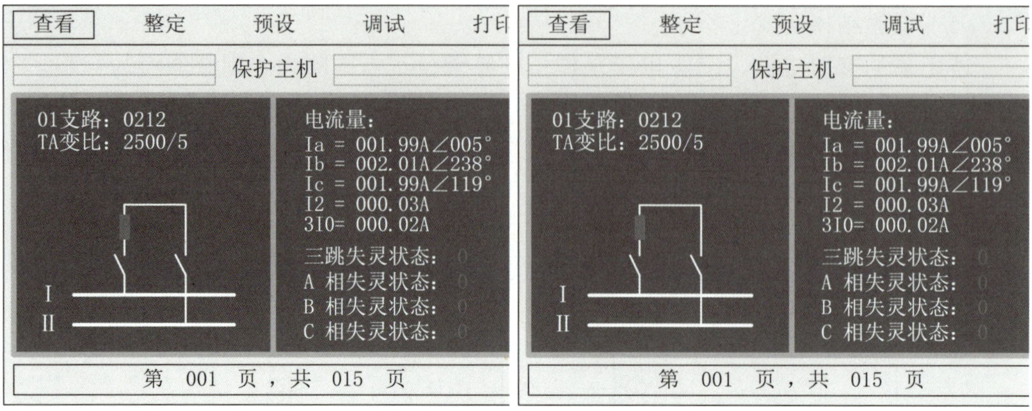

（a）交流电流　　（b）交流电压

图 5-1-8　母线保护装置交流采样查看液晶显示

读取母线保护装置上的交流电流和交流电压采样值，记录在表 5-1-5 中。

表 5-1-5　L1 支路交流电流采样值

检验项目		测试仪加量值			保护装置采样值		
L1 支路	$\dot{I}_A$	3	?	0°	2.99	?	5°
	$\dot{I}_B$	2	?	−120°	2.01	?	238°
	$\dot{I}_C$	1	?	120°	0.99	?	119°
Ⅰ母	$\dot{U}_A$	30	?	0°		?	3°
	$\dot{U}_B$	40	?	−120°		?	241°
	$\dot{U}_C$	50	?	120°		?	122°

（4）误差计算。

$$误差=\left|\frac{保护装置采样值—测试仪加量值}{测试仪加量值}\right|\times 100\%$$

根据上式分别计算 A、B、C 三相交流电流和交流电压的误差，若误差小于 5%则说明交流回路采样合格。

L1 支路 A 相电流：$误差=\left|\frac{1.99-2}{2}\right|\times 100\%=0.5\%$

L1 支路 B 相电流：$误差=\left|\frac{2.01-2}{2}\right|\times 100\%=0.5\%$

L1 支路 C 相电流：$误差=\left|\frac{1.99-2}{2}\right|\times 100\%=0.5\%$

Ⅰ母 A 相电压：$误差=\left|\frac{1.99-2}{2}\right|\times 100\%=0.5\%$

Ⅰ母 B 相电压：$误差=\left|\frac{2.01-2}{2}\right|\times 100\%=0.5\%$

Ⅰ母 C 相电压：$误差=\left|\frac{1.99-2}{2}\right|\times 100\%=0.5\%$

（5）检验结果。

误差符合要求，L1 支路交流电流回路与 Ⅰ 母交流电压回路检验合格。

（6）检验完成。

试验结束后，记录试验数据。清理现场，恢复现场安全措施，整理工器具和仪器仪表。

其余支路交流电流回路与 Ⅱ 母交流电压回路的检验方法与此类似，逐一进行交流回路检验。

七、评价反馈

（1）学生自评，见附录 1《学生自评表》

（2）团队互评，见附录 2《团队互评表》

（3）教师评价，见表 5-1-6。

表 5-1-6　教师评价表

序号	作业名称	质量标准	分值	扣分标准	扣分	得分
一、准备工作						
1	着装穿戴	安全帽、工作服、绝缘鞋穿戴正确	5	（1）未穿安全帽、工作服、工作鞋，扣 5 分；（2）着装穿戴不规范，每处扣 1 分		
2	工器具检查	检查工器具齐全，符合使用要求	5	工器具选择不正确、未检查，每个扣 1 分		
3	工作票办理	按照规范办理工作票（口述）	5	（1）未办理工作票该项，扣 3 分；（2）未到现场检查安全措施，扣 2 分		
二、工作过程						
1	装置设置	（1）投入“投检修状态”硬压板；（2）退出其他硬压板	12	（1）每漏一项扣 2 分；（2）记录错误，一处扣 2 分		
2	试验接线	（1）测试仪接地；（2）测试仪电流、电压接线；（3）测试仪开入量、开出量接线	8	（1）测试仪未接地，扣 1 分；（2）测试仪电流、电压接线不正确，每处扣 1 分；（3）测试仪开入量、开出量接线不正确，每处扣 2 分		
3	零漂检查	（1）交流电流零漂检查；（2）交流电压零漂检查		（1）漏检查项目，每项扣 3 分；（2）操作错误，一个扣 2 分		
4	交流电流回路检查	（1）母联支路交流电流幅值、相位检查；（2）主变支路交流电流幅值、相位检查；（3）线路支路交流电流幅值、相位检查		（1）漏检查项目，每项扣 3 分；（2）操作错误，一个扣 2 分		

（续表）

序号	作业名称	质量标准	分值	扣分标准	扣分	得分
5	交流电压回路检查	（1）Ⅰ母交流电流与交流电压幅值、相位检查；（2）Ⅱ母交流电流与交流电压幅值、相位检查		（1）漏检查项目，每项扣3分；（2）操作错误，一个扣2分		
6	二次措施及现场恢复	（1）二次安措恢复至试验前状态；（2）试验接线恢复	10	（1）二次安措未恢复至试验前状态，扣4分；（2）未拆除试验接线，扣6分		
7	试验报告	（1）记录装置型号、软件版本及校验码；（2）记录试验项目及数据；（3）记录测试仪型号；（4）试验结论	10	（1）未记录装置型号、软件版本及校验码，每项扣2分；（2）未记录试验项目及数据，扣3分；（3）未记录测试仪型号，扣1分；（4）未写试验结论，扣1分。		
三、工作终结						
1	工作票终结	办理工作票终结（口述）	5	未办理工作票终结，扣5分		
合计			100			
考评员栏		成绩：		考评老师：		

八、相关知识点

知识点 1：母线保护装置的交流输入回路检查内容包括交流采样通道的零漂检查和采样精度检查两部分。前者用于保证运行的装置能有较小的直流偏移及通道噪声，后者用于保证在故障量输入情况下装置能够线性输出并有足够的精度。

知识点 2：零漂检查方法：将保护装置的所有电流、电压输入端子开路，不加任何电气量。将保护装置进入“保护状态”菜单分别记录 CPU、DSP 中的相应数值，要求零漂值均在 0.01In（或 0.05V）以内。检验零漂时，要求在一段时间（几分钟）内零漂值稳定在规定范围内。

知识点 3：采样精度检查方法：在三相电压回路中加入对称正序的额定电压，将电流端子 A、B、C 相分别加入电流，并采用模拟单相故障的方法检验 $3I_0$。要求电流电压采样显示值与实际值的误差应不大于 5%。

九、拓展思考

在母线保护装置交流电流输入回路检查中加入电流过大会造成什么影响？

任务 2　母线保护开关量回路认知与检验

一、学习情境描述

计划对变电站内母线保护装置开关量回路进行检验，现场一、二次安全措施已布置完成。

二、学习目标

（1）知识目标：

① 掌握母线保护装置开入回路的构成和作用。

② 掌握母线保护装置开出回路的构成和作用。

（2）能力目标：

① 能正确完成母线保护装置开关量回路识读。

② 能规范完成母线保护装置开关量回路检验。

（3）思政目标：

① 了解专业规程规范：《DL/T 995—2016 继电保护和电网安全自动装置检验规程》；《DL/T 478—2013 继电保护和安全自动装置通用技术条件》；《GB/T 7261—2008 继电保护和安全自动装置基本试验方法》。

② 培养严谨认真的工作作风。

③ 培养团队协作精神。

④ 养成良好的劳动习惯。

三、任务书

完成 220 kV 蜀都变电站 110 kV 母线保护装置开关量回路检验。

四、任务咨询

引导问题 1： 对于微机保护装置来说开关量的类型一般有哪些？

引导问题 2： 观察母线保护装置，查阅装置白图，简单列写母线保护装置涉及哪些开关量？

五、任务实施

（1）完成现场安全措施布置。

（2）工器具、资料准备：微机型继电保护测试仪、万用表、一字螺丝刀、绝缘胶布、装置图纸、装置说明书。

（3）填写回路检验记录单（见表 5-2-1）。

表 5-2-1　母线保护交流回路检验记录单

<table>
<tr><th colspan="3">检验项目</th><th>检验方法与结果</th><th>检验结论</th></tr>
<tr><td rowspan="14">开入</td><td rowspan="7">压板</td><td>1KLP1 母差保护启用</td><td></td><td></td></tr>
<tr><td>1KLP2 断路器失灵保护启用</td><td></td><td></td></tr>
<tr><td>1KLP3 ?/?母线分列</td><td></td><td></td></tr>
<tr><td>1KLP6 ?/?母线互联</td><td></td><td></td></tr>
<tr><td>1KLP7 充电过流保护?段启用</td><td></td><td></td></tr>
<tr><td>1KLP8 充电过流保护?段启用</td><td></td><td></td></tr>
<tr><td>1KLP9 置检修状态启用</td><td></td><td></td></tr>
<tr><td>按钮</td><td>复归按钮</td><td></td><td></td></tr>
<tr><td>把手</td><td>/</td><td></td><td></td></tr>
<tr><td rowspan="4">接点</td><td>刀闸开入接点</td><td></td><td></td></tr>
<tr><td>外部复归接点</td><td></td><td></td></tr>
<tr><td>L1 开关 TWJ 接点</td><td></td><td></td></tr>
<tr><td>L1 开关手合接点</td><td></td><td></td></tr>
<tr><td rowspan="8">开出</td><td colspan="2">1C1LP1 跳闸出口 2</td><td></td><td></td></tr>
<tr><td colspan="2">1C2LP1 201 开关跳闸出口 2</td><td></td><td></td></tr>
<tr><td colspan="2">1S2LP1 启动 1 号主变失灵联跳 2</td><td></td><td></td></tr>
<tr><td colspan="2">1C3LP1 202 开关跳闸出口 2</td><td></td><td></td></tr>
<tr><td colspan="2">1S3LP1 启动 2 号主变失灵联跳 2</td><td></td><td></td></tr>
<tr><td colspan="2">1C4LP1 261 开关跳闸出口 2</td><td></td><td></td></tr>
<tr><td colspan="2">1C5LP1 262 开关跳闸出口 2</td><td></td><td></td></tr>
<tr><td colspan="2">1C6LP1 263 开关跳闸出口 2</td><td></td><td></td></tr>
</table>

六、工作实施流程

断开回路连接。

（1）领取任务：按组分配屏位，每组一个屏位完成任务。

（2）工作前准备：

① 人员准备：指导教师为安全监护人，组长为工作负责人，其余人员为工作成员，工作人员应清楚工作内容、安全措施，精神状态正常，无妨碍工作的病症。

② 危险点分析，安全预控措施：检查现场符合工作条件，分析本次工作危险点并做好相应预控措施。

（3）工作人员穿着工作服。

（一）硬压板检验

硬压板检验主要是指功能压板的开入检验，功能压板在保护屏柜上采用的是黄色压板。通过保护装置白图——公共开入回路图纸可以查看到相关的压板回路，如图 5-2-1 所示。

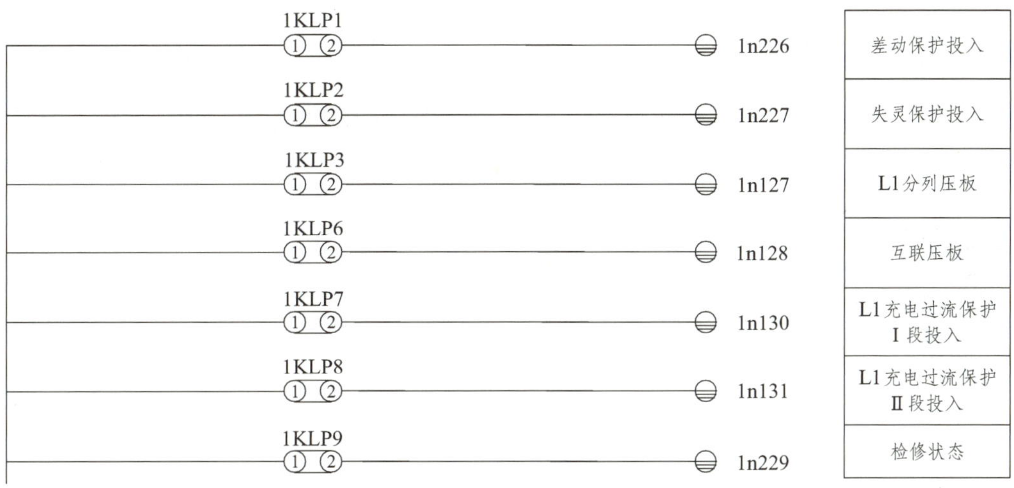

图 5-2-1　母线保护装置白图——公共开入回路

从白图中可以看到功能压板有 7 个，一一对应保护屏柜上的黄色功能压板。下面以“差动保护投入”、“互联压板”为例说明具体的检验方法。

（1）检验 1KLP1“差动保护投入”硬压板。

对 1KLP1 硬压板进行检验时，首先从保护装置液晶面板中找到功能开入查询界面，在此硬压板未投入时可以看到“差动保护”开入为“0”，然后将“差动保护投入”硬压板投入，可在液晶面板上查看到“差动保护”开入变为“1”。具体示意图如图 5-2-2 所示。

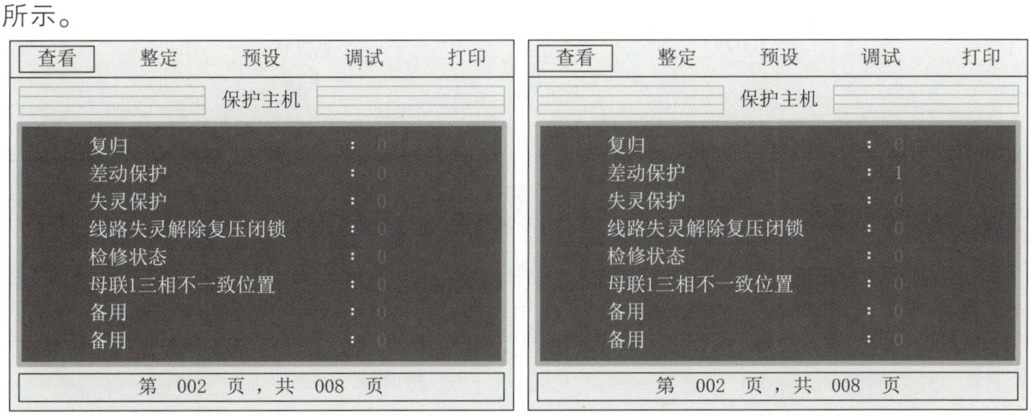

（a）“差动保护投入”硬压板未投入　　（b）“差动保护投入”硬压板投入

图 5-2-2　保护装置功能开入信息查看液晶显示

从保护装置白图中可以看出 1KLP1“差动保护投入”硬压板①号端连接端子 1QD8，为公共开入端，当硬压板投入后正电导通至 1n226 端子，保护装置接收到此信号后则会显示“差动保护”开入为“1”。

（2）检验 1KLP6“互联压板”硬压板。

对 1KLP6 硬压板进行检验时，首先从保护装置液晶面板中找到功能开入查询界面，在此硬压板未投入时可以看到“Ⅰ、Ⅱ母互联压板”开入为“0”，然后将“Ⅰ、Ⅱ母线互联”硬压板投入，可在液晶面板上查看到“Ⅰ、Ⅱ母互联压板”开入变为“1”。具体示意图如图 5-2-3 所示。

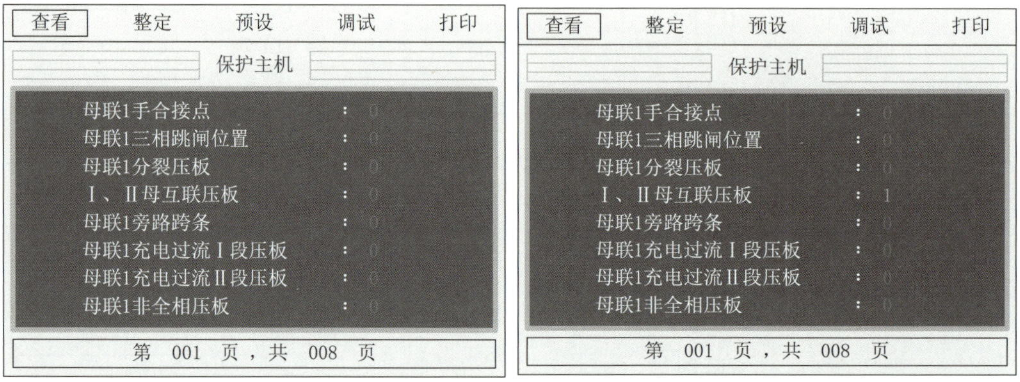

（a）“Ⅰ、Ⅱ母线互联”硬压板未投入　　（b）“Ⅰ、Ⅱ母线互联”硬压板投入

图 5-2-3　保护装置功能开入信息查看液晶显示

从保护装置白图中可以看出 1KLP6“互联压板”硬压板①号端连接端子 1QD8，为公共开入端，当硬压板投入后正电导通至 1n128 端子，保护装置接收到此信号后则会显示“Ⅰ、Ⅱ母互联压板”开入为“1”。

其余硬压板的检验方法与上述两个压板的检验方法相似。

（二）按钮检验

母线保护装置上涉及的按钮一般只有“复归按钮”，查阅装置白图找到“复归按钮”回路图，如图 5-2-4 所示。

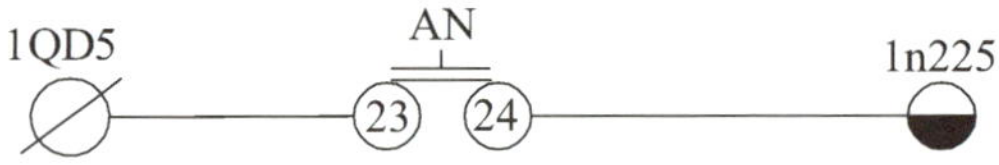

图 5-2-4　母线保护装置白图中“复归按钮”回路图

“复归按钮”回路检验的方法是按下“复归”按钮，并在装置液晶面板上查看对应的开入信号。

在保护装置液晶面板上找到功能开入查询界面，找到“复归”开入信号，可以看到在未按下“复归”按钮时，“复归”开入信号为“0”，如图 5-2-5（a）所示。

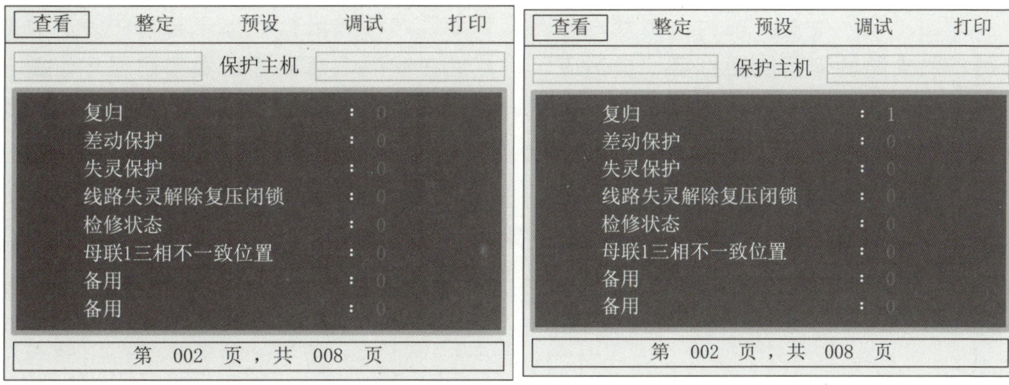

（a）未按下“复归”按钮时　　（b）按下“复归”按钮时

图 5.2.5　保护装置功能开入信息查看液晶显示

按下保护屏柜上复归按钮后（保持按下状态），可以看到保护装置的功能开入信息中复归开入信号由 0 变为 1，如图 5.2.5（b）所示，说明此回路无问题。并且在松开?°复归?±按钮后也可以看到?°复归?±开入信号变为“0”。

（三）把手检验

母线保护屏柜上一般不会装设“把手”。

（四）接点检验

母线保护装置接点检验大致分位三类，一是刀闸开入接点检验，二是公共开入接点检验，三是失灵开入接点检验。失灵开入接点检验将在任务三中进行说明，本任务主要涉及刀闸开入接点检验和公共开入接点检验，下面对检验方法进行说明。

（1）刀闸开入接点检验（见图 5-2-6）。

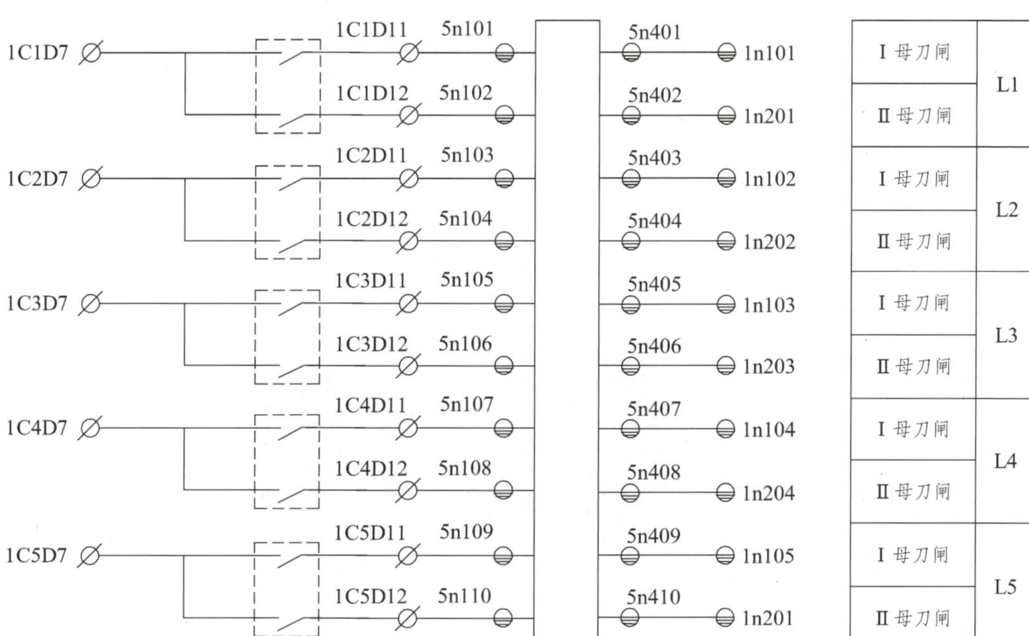

图 5-2-6　母线保护装置刀闸开入回路图

如图 5-2-7 所示，检验刀闸开入回路需要通过两部分进行，一是将刀闸强制装置上待检验支路的刀闸旋钮打至“自适应”，然后在间隔信息界面查看刀闸显示位置与刀闸实际位置是否一致，如果一致则说明母线保护装置与隔离开关辅助接点之间回路连接正确，无异常。二是将刀闸强制装置上待检验支路的刀闸旋钮分别打至“强制通”“强制断”，在间隔信息界面查看刀闸显示位置与刀闸强制装置旋钮位置是否一致，如果一致则说明母线保护装置与刀闸强制装置之间回路连接正确，无异常。

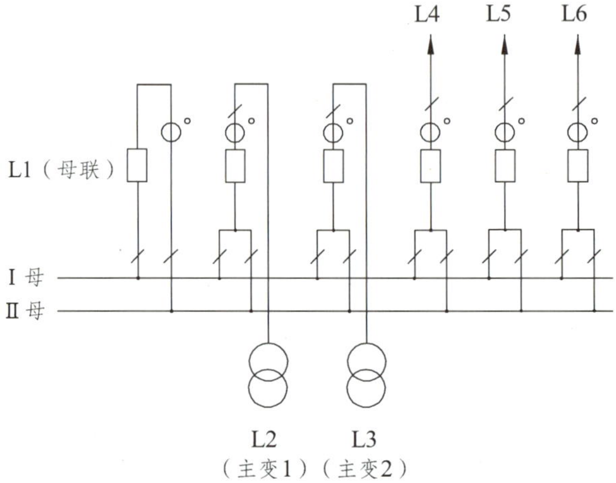

图 5-2-7　母线保护装置主接线示意图

根据主接线示意图可以看到不同支路的性质(如线路单元、主变单元、母联单元)，对实际需要使用的支路单元进行刀闸接点检验即可。下面以母联单元为例说明具体的检验过程。

L1 是母联单元，母联断路器两侧分别接有Ⅰ母刀闸和Ⅱ母刀闸。首先将刀闸强制装置上 L1 支路的Ⅰ母刀闸旋钮和Ⅱ母刀闸旋钮均打至“自适应”，然后在母线保护屏上确认 L1 支路Ⅰ母刀闸和Ⅱ母刀闸的位置是否与刀闸的实际位置一致（或是否与模拟刀闸屏上对应刀闸的位置一致），若位置一致则说明回路连接正确，无异常。各支路刀闸开入信息通过“间隔信息”页面进行查看，如图 5-2-8 所示。

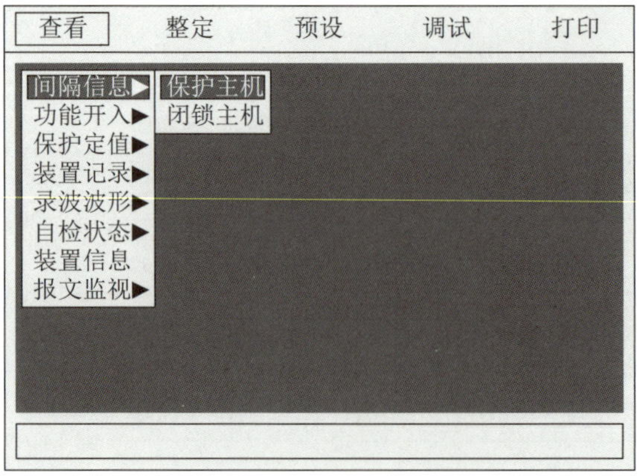

图 5-2-8　母线保护装置刀闸开入信息查看菜单界面

如图 5-2-9 所示，第二步将刀闸强制装置上 L1 支路的Ⅰ母刀闸旋钮和Ⅱ母刀闸旋钮分别打至“强制通”“强制断”，在间隔信息界面查看刀闸显示位置与刀闸强制装置旋钮位置是否一致，如果一致则说明回路连接正确，无异常。

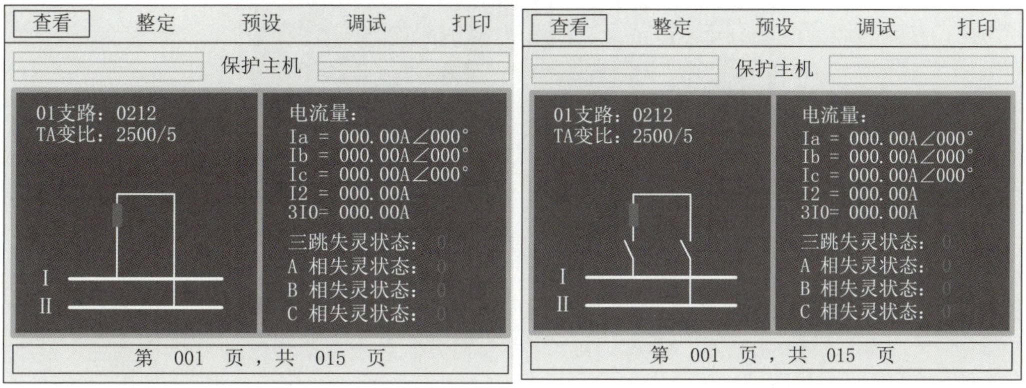

（a）L1 支路 I 母刀闸旋钮打至“强制通”　（b）L1 支路 II 母刀闸旋钮打至“强制断”

图 5-2-9　母线保护装置 L1 支路间隔信息查看液晶显示

其他支路的刀闸开入回路检验方法与 L1 支路刀闸开入回路检验的方法一致。

（2）公共开入接点检验。

① 外部复归接点检验（见图 5-2-10）。

图 5-2-10　母线保护装置“外部复归”回路图

检验母线保护装置“外部复归”开入，使用短接线将端子 1QD5 与端子 1QD19 相连，正电通过短接线导通至装置 1n225 接口，从而实现装置复归。开入查看界面参照复归按钮检查部分。

② “L1 开关 TWJ”接点检验（见图 5-2-11）.

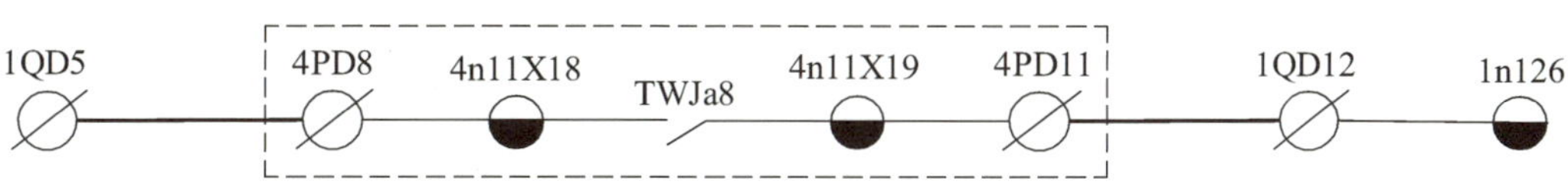

图 5-2-11　母线保护装置“L1 开关 TWJ”回路图

检验母线保护装置“L1 开关 TWJ”开入，需在母联保护屏柜上找到操作箱，使用短接线短接其上 4n11X18、4n11X19 接口，然后在母线保护屏上查看“母联 1 三相跳闸位置”开入信息。开入信息通过“功能开入”页面进行查看，如图 5-2-12 所示。

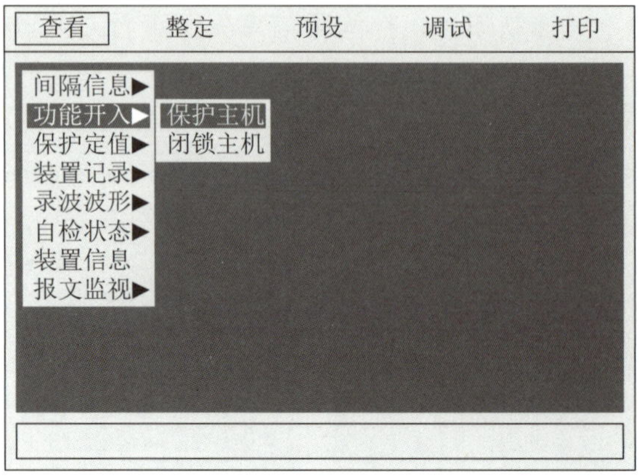

图 5-2-12　母线保护装置功能开入信息查看菜单界面

进入到功能开入查看界面后，翻到“母联 1 三相跳闸位置”开入查看页面。当未短接 4n11X18 和 4n11X19 时，可以看到“母联 1 三相跳闸位置”为“0”，短接 4n11X18 和 4n11X19 后可以看到“母联 1 三相跳闸位置”变为“1”，如图 5-2-13 所示。如此即可验证母联 1 三相跳闸位置开入量回路接线正确，无异常。

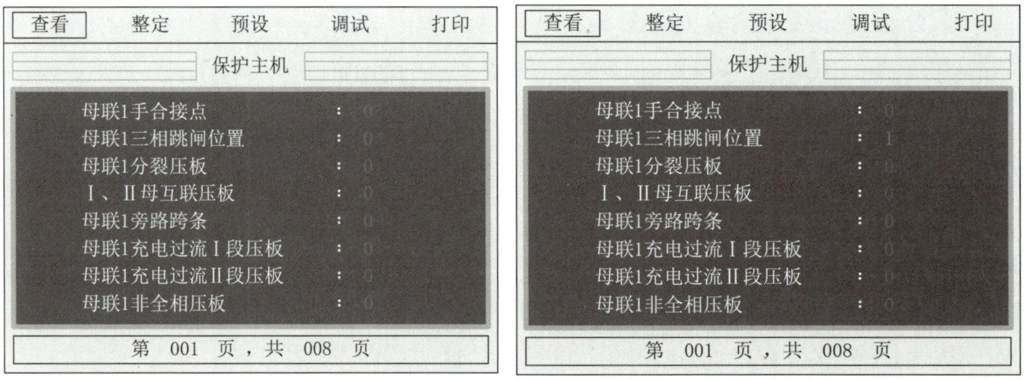

（a）4n11X18、4n11X19 短接前　　（b）4n11X18、4n11X19 短接后

图 5-2-13　母联 1 三相跳闸位置开入信息查看液晶显示

③ “L1 开关手合接点”检验（见图 5-2-14）.

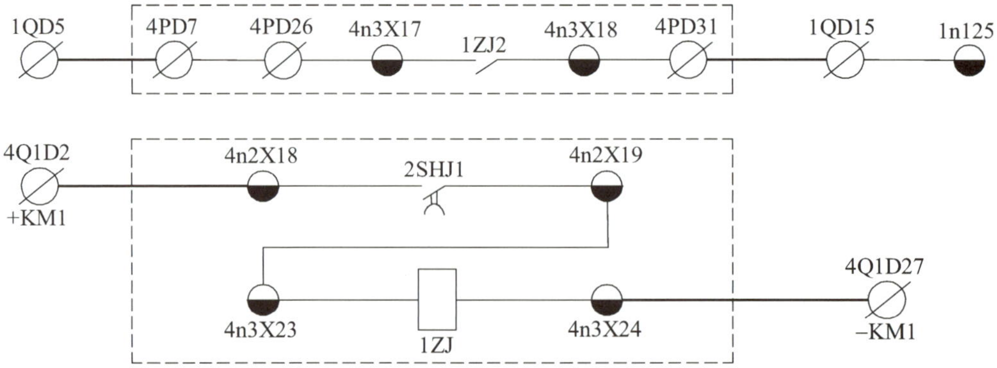

图 5-2-14　母线保护装置“L1 开关手合接点”回路图

检验母线保护装置“L1 开关手合接点”开入，需在母联保护屏柜上找到操作箱，使用短接线短接其上 4n3X17、4n3X18 接口，然后在母线保护屏上查看“母联 1 手合接点”开入信息。进入到功能开入查看界面后，翻到“母联 1 手合接点”开入查看页面。当未短接 4n3X17 和 4n3X18 时，可以看到“母联 1 手合接点”为“0”，短接 4n3X17 和 4n3X18 后可以看到“母联 1 手合接点”变为“1”，如图 5-2-15 所示。如此即可验证母联 1 手合接点开入量回路接线正确，无异常。

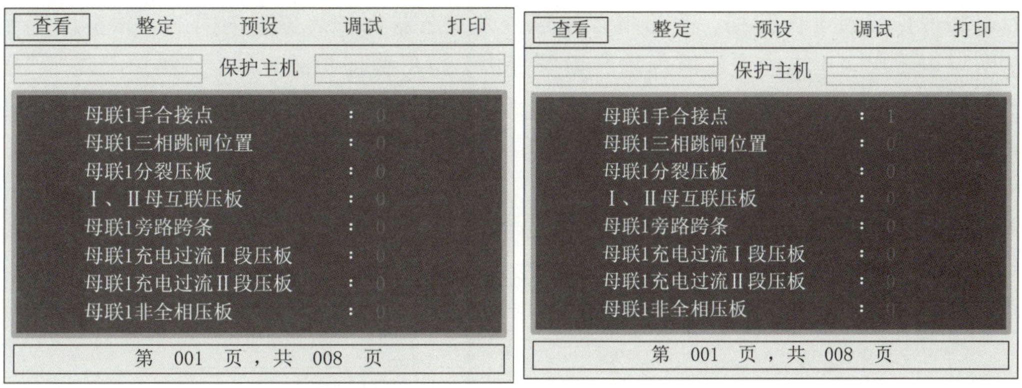

（a）4n3X17、4n3X18 短接前　　（b）4n3X17、4n3X18 短接后

图 5-2-15　母联 1 手合接点开入信息查看液晶显示

（五）出口检验

（1）检验跳闸出口。

检验母线保护装置跳闸出口的方式为，利用测试仪将模拟的故障量输入给母线保护装置使其差动保护动作发出跳闸信号，然后查看对应断路器（模拟断路器）的开关是否跳开，如果开关跳开则说明此跳闸出口回路连接正确，无异常。保护调试内容在此不做具体说明。

下面以 L4 支路（线路单元）跳闸出口为例对检验过程进行说明。图 5-2-16 为母线保护装置 L4 支路“跳闸 1”出口回路图。进行回路检验时首先需要投入 1C4LP1“261 开关跳闸出口 2”硬压板，其次因需要依靠母线差动保护动作使“保护间隔”“闭锁间隔”两个接点闭合，所以还需投入 1KLP1“母差保护启用”硬压板以及保护控制字、软压板等，具体流程参考母线保护调试相关资料。

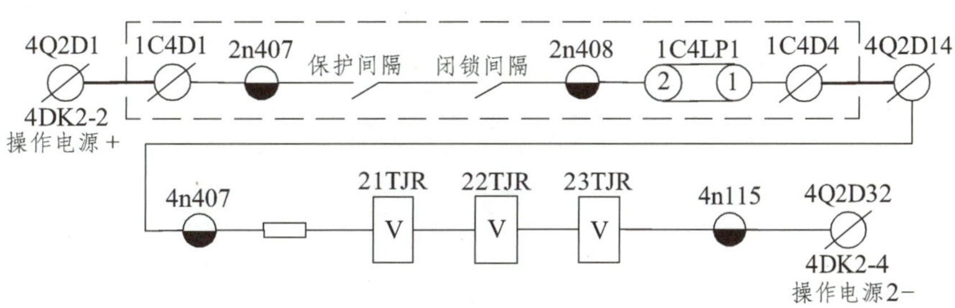

图 5-2-16　母线保护装置“L4 支路跳闸 1”出口回路图

在向母线保护装置输入故障量后，母线差动保护动作使 L4 支路“保护间隔”“闭锁间隔”两接点闭合，正电导通至 L4 支路线路单元操作箱 4n407 端口，使 21TJR、

22TJR、23TJR 继电器励磁，继电器对应的接点闭合或断开，从而实现断路器（模拟断路器）跳闸。查看断路器实际位置或模拟断路器屏 261 开关的位置，若在母线差动保护动作后 261 开关变为分闸状态，则说明此出口回路连接正确，无异常。其他跳闸出口检验方法与此类似。

（2）检验 1S2LP1“L2 失灵联跳”出口回路。

图 5-2-17 为母线保护装置“L2 失灵联跳”出口回路示意图，图中虚线框内部分为母线保护装置屏内回路，虚线框以外部分为变压器保护装置屏内回路。根据回路示意图可以看出，正电由变压器保护装置屏提供，当母线保护动作时，“保护间隔”“闭锁间隔”两接点闭合，正电导通至变压器保护装置屏内大功率继电器 1GK2 的①端，此时继电器励磁，其常开接点②-④将闭合，常闭接点⑧-⑩将断开。

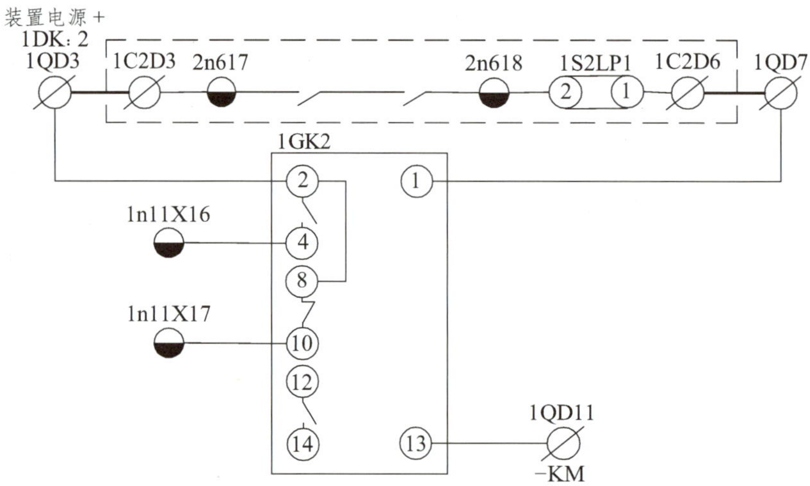

图 5-2-17　母线保护装置“L2 失灵联跳”出口回路图

检验失灵联跳出口回路的方法为：在母线保护装置 L2 支路对应的变压器保护装置屏上查看失灵开入信息。在母线保护装置屏上投入 1S2LP1“L2 失灵联跳”出口压板，用短接线短接 2n617 与 2n618 端口，然后在变压器保护装置屏上查看失灵开入信息，可以看到“失灵启动”变为 1，“失灵启动 2”变为 0，如图 5-2-18 所示。

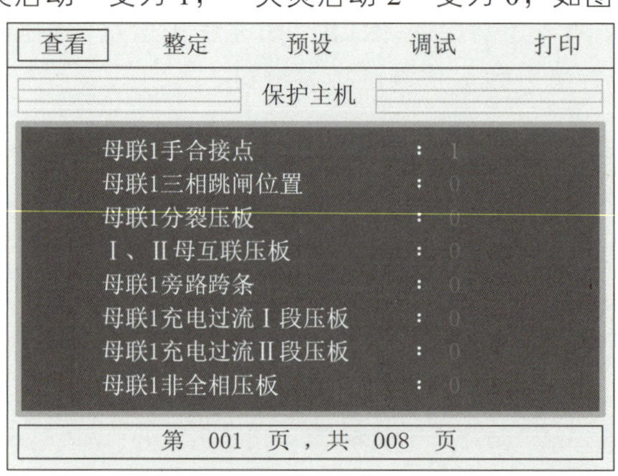

图 5-2-18　2n617、2n618 短接后失灵启动开入信息查看液晶显示

七、评价反馈

（1）学生自评，见附录 1《学生自评表》

（2）团队互评，见附录 2《团队互评表》

（3）教师评价，见表 5-2-2。

表 5-2-2　教师评价表

序号	作业名称	质量标准	分值	扣分标准	扣分	得分
一、准备工作						
1	着装穿戴	安全帽、工作服、绝缘鞋穿戴正确	5	（1）未穿安全帽、工作服、工作鞋，扣 5 分； （2）着装穿戴不规范，每处扣 1 分		
2	工器具检查	检查工器具齐全，符合使用要求	5	工器具选择不正确、未检查，每个扣 1 分		
3	工作票办理	按照规范办理工作票（口述）	5	（1）未办理工作票该项，扣 3 分； （2）未到现场检查安全措施，扣 2 分		
二、工作过程						
1	保护功能压板开入回路检验	（1）检验“1KLP1 母差保护启用”开入回路； （2）检验“1KLP2 断路器失灵保护启用”开入回路； （3）检验“1KLP3 ?/?母线分列”开入回路； （4）检验“1KLP6 ?/?母线互联”开入回路； （5）检验“1KLP7 充电过流保护?段启用”开入回路； （6）检验“1KLP8 充电过流保护?段启用”开入回路； （7）检验“1KLP9 置检修状态启用”开入回路	12	（1）漏检查项目，每项扣 3 分； （2）操作错误，一处扣 1 分； （3）记录错误，一处扣 2 分		
2	试验接线	（1）测试仪接地； （2）测试仪电流、电压接线； （3）测试仪开入量、开出量接线	8	（1）测试仪未接地，扣 1 分； （2）测试仪电流、电压接线不正确，每处扣 1 分； （3）测试仪开入量、开出量接线不正确，每处扣 2 分		
3	装置检查	（1）交流电流与交流电压零漂检查； （2）交流电流与交流电压幅值、相位检查； （3）开入量检查； （4）检查指示灯、装置有无异常，通道有无告警	10	（1）漏检查项目，每项扣 3 分； （2）操作错误，一个扣 2 分		

（续表）

序号	作业名称	质量标准	分值	扣分标准	扣分	得分
4	母联充电至死区检验	（1）计算； （2）输入故障量； （3）记录动作情况	30	（1）计算错误一处扣2分； （2)故障量输入错误一处扣2分； （3）动作情况记录错误一处扣2分		
5	二次措施及现场恢复	（1)二次安措恢复至试验前状态； （2）试验接线恢复	10	（1）二次安措未恢复至试验前状态，扣4分； （2）未拆除试验接线，扣6分		
6	试验报告	（1)记录装置型号、软件版本及校验码； （2）记录试验项目及数据； （3）记录测试仪型号； （4）试验结论	10	（1）未记录装置型号、软件版本及校验码，每项扣2分； （2）未记录试验项目及数据，扣3分； （3)未记录测试仪型号，扣1分； （4）未写试验结论，扣1分		
三、工作终结						
1	工作票终结	办理工作票终结（口述）	5	未办理工作票终结，扣5分		
合计			100			
考评员栏		成绩：		考评老师：		

八、相关知识点

知识点1：什么是开关量?

开关量有以下定义：1. 在数字电路中开关量是指非连续性信号的采集和输出，包括遥信采集和遥控输出，有1和0两种状态；2. 在电力上指电路的开和关，或是触点的接通和断开。

知识点2：在进行母线保护装置二次回路检验时，需要了解各支路单元的性质，从而对不同支路制定适合的检验方法。明确各支路单元的性质可查阅机柜端子排及原理接线图中一次系统主接线示意图。对于本单元进行讲解的BP-2CS母线保护装置，其一次系统主接线示意图如图5-2-19所示。

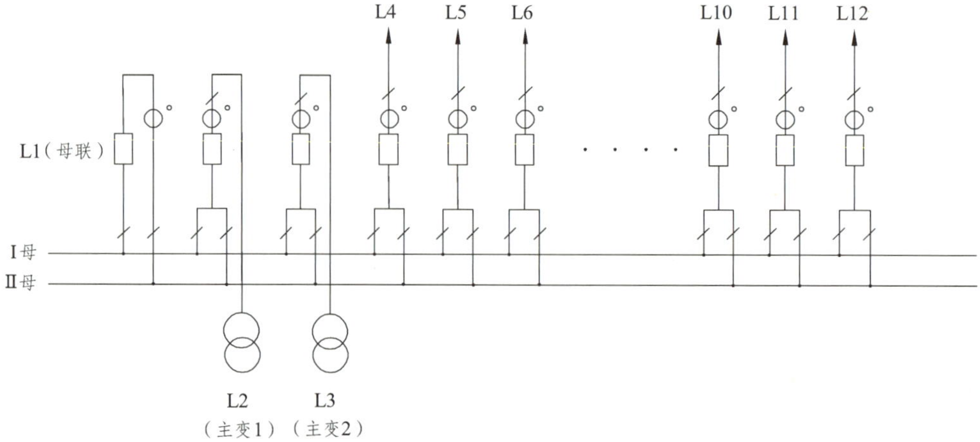

图5-2-19　BP-2CS母线保护装置一次系统主接线示意图

从图中可以看出 L1 支路为母联单元，L2、L3 支路为主变单元，剩下的其他支路为线路单元。不同性质的支路单元所涉及的开关量的数量、类别均有一定差异，因此在回路检验前要查阅主接线图，明确支路单元的性质。

知识点 3：在继电保护装置屏柜上安装有很多不同颜色的压板，这些压板一般分为三种，分别为保护跳闸压板（也称保护出口压板）、保护功能压板、备用压板。这些压板的颜色有以下规定：保护跳闸压板一律采用红色标识，保护功能压板一律采用黄色标识，备用压板采用浅驼色标识。以不同颜色来标识不同性质的压板，便于运行人员识别，在一定程度上能防止误投退压板，防止误操作事故的发生。另外，保护压板的标签宜采用白底黑字打印，字体采用宋体。

九、拓展思考

在没有继电保护测试仪的情况下，还能如何检验跳闸出口回路是否正确？

任务 3　断路器失灵保护回路认知与检验

一、学习情境描述

计划对 500 kV 成都东变电站 220 kV 母线保护装置断路器失灵回路进行检验，现场一、二次安全措施已布置完成。

二、学习目标

（1）知识目标：

① 掌握 220 kV 母线保护装置线路单元断路器失灵回路的构成和作用。

② 掌握 220 kV 母线保护装置主变失灵解闭锁回路的构成和作用。

③ 掌握 220 kV 母线保护装置变压器单元断路器失灵回路的构成和作用。

（2）能力目标：

① 能正确完成 220 kV 母线保护装置线路单元断路器失灵回路检验。

② 能正确完成 220 kV 母线保护装置主变失灵解闭锁回路检验。

③ 能正确完成 220 kV 母线保护装置变压器单元断路器失灵回路检验。

（3）思政目标：

① 了解专业规程规范：《DL-T 995—2016 继电保护和电网安全自动装置检验规程》；《DLT 478—2013 继电保护和安全自动装置通用技术条件》；《GB/T 7261—2000 继电器及装置基本试验方法》。

② 培养严谨认真的工作作风。

③ 培养团队协作精神。

④ 养成良好的劳动习惯。

三、任务书

完成 500 kV 成都东变电站 220 kV 母线保护装置断路器失灵回路进行检验。

四、任务咨询

引导问题 1： 母线保护装置断路器失灵保护的保护逻辑是怎样的?

引导问题 2： 断路器失灵回路涉及哪些保护装置?

五、任务实施

（1）完成现场安全措施布置。

（2）工器具、资料准备：微机型继电保护测试仪、万用表、一字螺丝刀、绝缘胶布、装置图纸、装置说明书。

（3）填写回路检验记录单（见表 5-3-1 和表 5-3-2）。

表 5-3-1　母线保护断路器失灵回路（线路单元）检验记录单

<table>
<tr><td></td><td>型号</td><td>A/B 套保护</td></tr>
<tr><td>母线保护装置</td><td></td><td></td></tr>
<tr><td>线路保护装置</td><td></td><td></td></tr>
<tr><td>检验过程记录</td><td colspan="2"></td></tr>
<tr><td>检验结论</td><td colspan="2"></td></tr>
</table>

表 5.3.2　母线保护断路器失灵回路（变压器单元）检验记录单

<table>
<tr><td colspan="2"></td><td>型号</td><td>A/B 套保护</td></tr>
<tr><td colspan="2">母线保护装置</td><td></td><td></td></tr>
<tr><td colspan="2">线路保护装置</td><td></td><td></td></tr>
<tr><td rowspan="2">检验过程记录</td><td>主变失灵解复压</td><td colspan="2"></td></tr>
<tr><td>主变单元断路器失灵回路</td><td colspan="2"></td></tr>
<tr><td colspan="2">检验结论</td><td colspan="2"></td></tr>
</table>

六、工作实施流程

（1）领取任务：按组分配屏位，每组一个屏位完成任务。

（2）工作前准备：

① 人员准备：指导教师为安全监护人，组长为工作负责人，其余人员为工作成员，工作人员应清楚工作内容、安全措施，精神状态正常，无妨碍工作的病症。

② 危险点分析，安全预控措施：检查现场符合工作条件，分析本次工作危险点并做好相应预控措施。

（3）工作人员穿着工作服。

（4）开始回路检验工作。

（5）检验结果。

断路器失灵回路检验合格。

（6）检验完成。

检验结束后，记录试验数据。清理现场，恢复现场安全措施，整理工器具和仪器仪表。

（一）线路单元断路器失灵回路检验

如图 5-3-1 所示为母线保护装置线路单元断路器失灵回路示意图，从图中可以看到母线保护装置与线路保护装置失灵启动回路的连接。1C4D7 端子连接公共开入端，此正电通过电缆连接至线路保护屏1CD5（1CD6）端子，然后进入线路保护装置中。TJA1、TJB1、TJC1为线路保护的跳闸出口接点，此接点在线路保护动作跳闸时闭合，使断路器失灵启动回路导通以便能及时启动母线失灵保护。失灵回路启动时，正电通过闭合的TJA1、TJB1、TJC1接点导通，然后连接至失灵启动硬压板，最后通过电缆连接回母线保护屏。

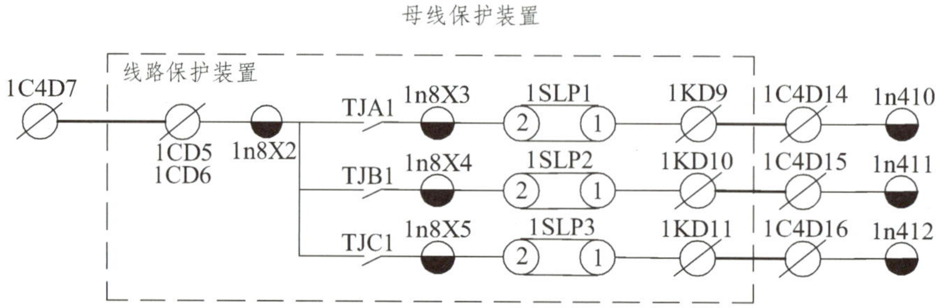

图5-3-1　线路单元断路器失灵回路示意图

检验母线保护装置线路单元断路器失灵回路的方法为，投入线路保护屏上1SLP1“A相启动失灵”硬压板，使用短接线短接1n8X2和1n8X3，然后在母线保护屏上查看失灵开入信息。失灵开入信息通过“间隔信息”页面进行查看，如图5-3-2所示。

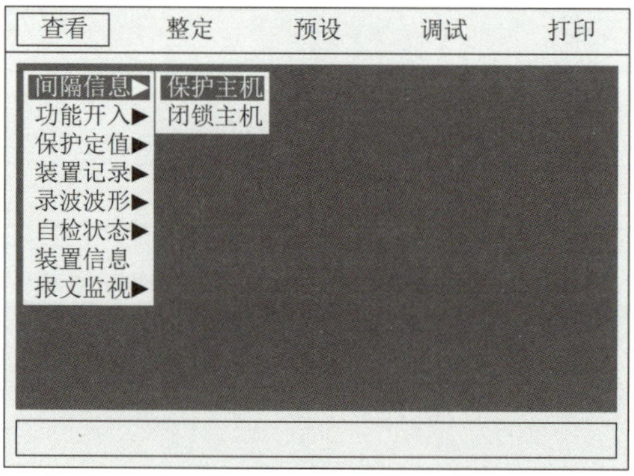

图5-3-2　母线保护装置失灵开入信息查看菜单界面

进入到间隔信息查看界面后，翻到所检查的支路界面，此处为04支路。界面右下角区域显示失灵开入状态，当未短接1n8X2和1n8X3时，可以看到“A相失灵状态”为“0”，短接1n8X2和1n8X3后可以看到“A相失灵状态”变为“1”，如图5-3-3所示。

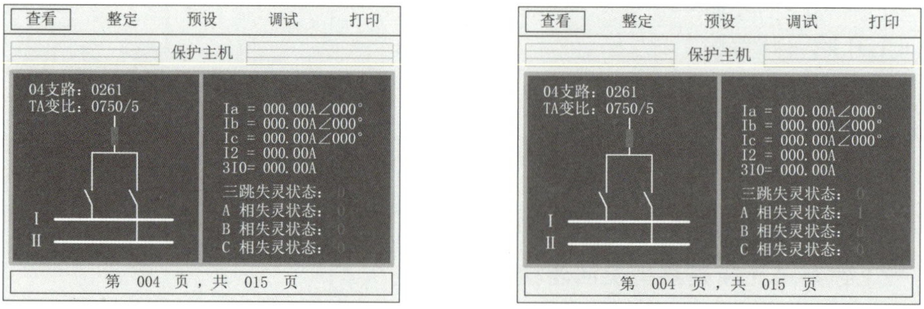

（a）1n8X2、1n8X3短接前　　（b）1n8X2、1n8X3短接后

图5-3-3　母线保护装置04支路（线路单元）间隔信息查看液晶显示

上述为 A 相失灵回路检验的方法，B 相、C 相失灵回路检验方法类似。将 ABC 三相失灵回路分别进行检验，如此即可验证断路器失灵保护回路接线正确，无异常。

（二）变压器单元断路器失灵回路检验

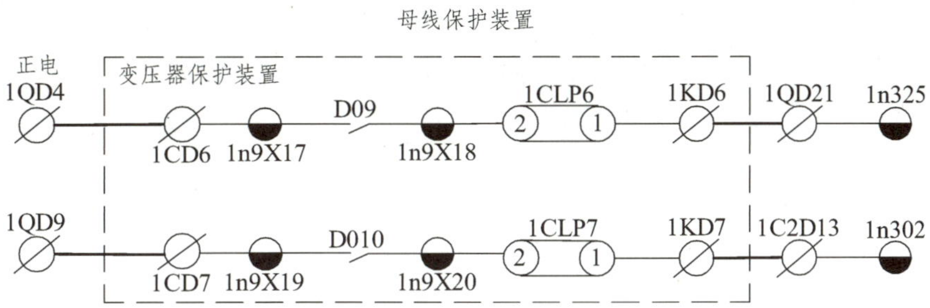

图 5-3-4　主变失灵解闭锁回路与变压器单元断路器失灵回路示意图

如图 5-3-4 所示为母线保护装置主变失灵解闭锁回路与变压器单元断路器失灵回路示意图，从图中可以看到母线保护装置与变压器保护装置的回路连接情况。1QD4 与 1QD9 端子连接公共开入端，此正电通过电缆连接至变压器保护屏 1CD6、1CD7 端子，然后进入线路保护装置中。D09 与 D010 为变压器保护的出口动作接点，当接点闭合时，主变失灵解闭锁回路与断路器失灵启动回路导通，以便能及时启动母线失灵保护。正电通过闭合的 D09、D010 接点导通，然后连接至“1CLP6 解除中母差电压闭锁”“1CLP7 启动中压侧开关失灵”硬压板，最后通过电缆连接回母线保护屏。

检验母线保护装置主变失灵解闭锁回路的方法为，投入变压器保护屏上 1CLP6“解除中母差电压闭锁”硬压板，使用短接线短接 1n9X17 和 1n9X18，然后在母线保护屏上查看主变失灵解复压闭锁开入信息。主变失灵解复压闭锁开入信息通过“功能开入”页面进行查看，如图 5-3-5 所示。

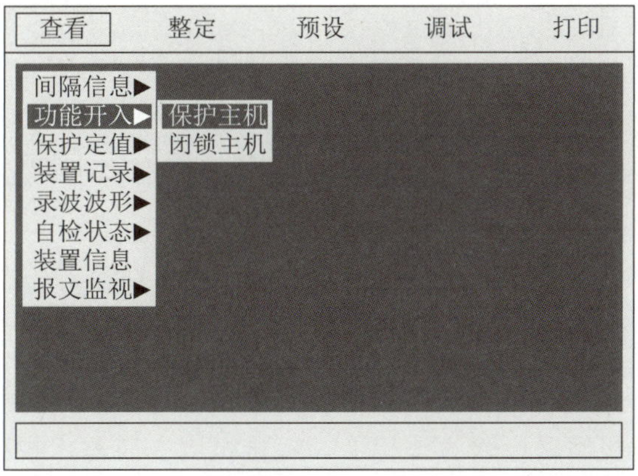

图 5-3-5　母线保护装置功能开入信息查看菜单界面

进入到功能开入查看界面后，翻到主变失灵解复压开入查看页面。当未短接 1n9X17 和 1n9X18 时，可以看到“主变 1 失灵解复压闭锁”为“0”，短接 1n9X17 和 1n9X18 后可以看到“主变 1 失灵解复压闭锁”变为“1”，如图 5-3-6 所示。

上述为主变失灵解闭锁回路检验的方法，母线保护装置中#1 主变单元与#2 主变单元的主变失灵解复压闭锁回路检验方法相似。短接相应变压器保护装置上的端子进行检验，如此即可验证主变失灵解闭锁回路接线正确，无异常。

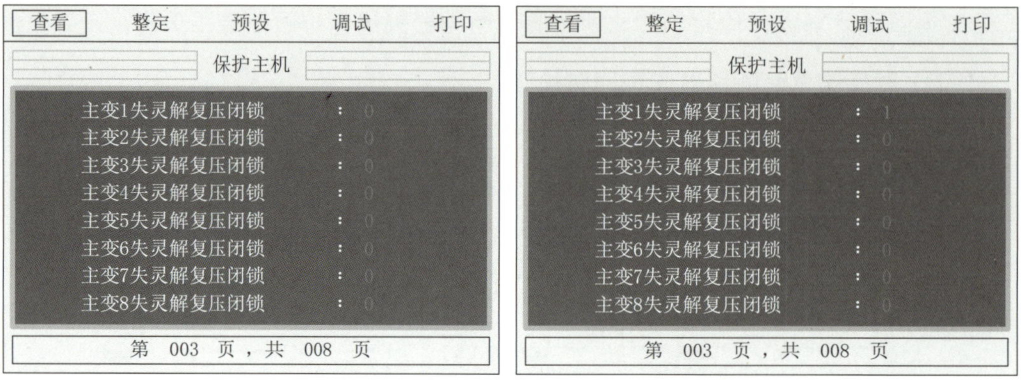

（a）1n9X17、1n9X18 短接前　　（b）1n9X17、1n9X18 短接后

图 5-3-6　主变失灵解闭锁开入信息查看液晶显示

检验母线保护装置变压器单元断路器失灵回路的方法为，投入变压器保护屏上1CLP7“启动中压侧开关失灵”硬压板，使用短接线短接 1n9X19 和 1n9X20，然后在母线保护屏上查看失灵开入信息。失灵开入信息通过“间隔信息”页面进行查看。

进入到间隔信息查看界面后，翻到所检查的支路界面，此处为 02 支路。界面右下角区域显示失灵开入状态，当未短接 1n9X19 和 1n9X20 时，可以看到“三相失灵状态”为“0”，短接 1n9X19 和 1n9X20 后可以看到“三相失灵状态”变为“1”，如图 5-3-7 所示。

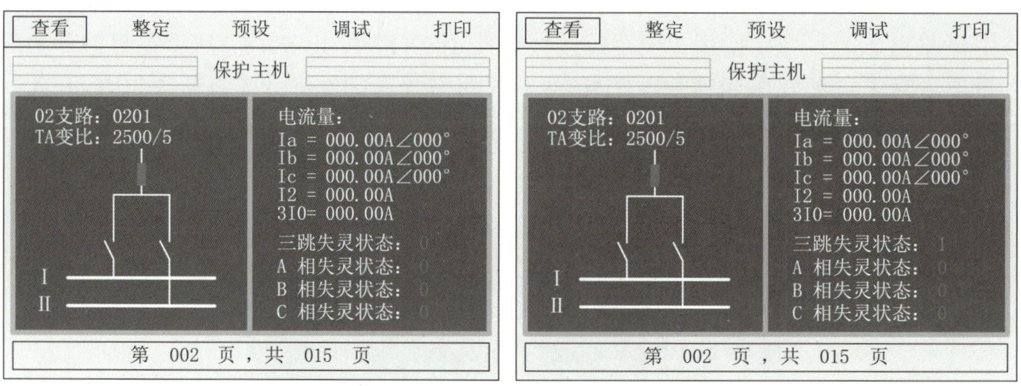

（a）1n9X19、1n9X20 短接前　　（b）1n9X19、1n9X20 短接后

图 5-3-7　母线保护装置 02 支路（变压器单元）间隔信息查看液晶显示

上述为变压器单元断路器失灵回路检验的方法，母线保护装置中#1 主变单元与#2 主变单元的断路器失灵回路检验方法相似。短接相应变压器保护装置上的端子进行检验，如此即可验证变压器单元断路器失灵回路接线正确，无异常。

七、评价反馈

（1）学生自评，见附录 1《学生自评表》

（2）团队互评，见附录 2《团队互评表》

（3）教师评价，见表 5-3-3。

表 5-3-3　教师评价表

序号	作业名称	质量标准	分值	扣分标准	扣分	得分
一、准备工作						
1	着装穿戴	安全帽、工作服、绝缘鞋穿戴正确	5	(1)未穿安全帽、工作服、工作鞋，扣 5 分； (2)着装穿戴不规范，每处扣 1 分		
2	工器具检查	检查工器具齐全，符合使用要求	5	工器具选择不正确、未检查，每个扣 1 分		
3	工作票办理	按照规范办理工作票（口述）	5	(1)未办理工作票该项，扣 3 分； (2)未到现场检查安全措施，扣 2 分		
二、工作过程						
1	线路单元断路器失灵回路检验	(1)投入线路保护屏上 1SLP1“A 相启动失灵”硬压板； (2)投入线路保护屏上 1SLP2“B 相启动失灵”硬压板； (3)投入线路保护屏上 1SLP3“C 相启动失灵”硬压板； (4)短接线路保护装置上启动失灵对应的端子； (5)在母线保护装置上查看失灵开入信息	30	(1)未投入对应的硬压板，每处扣 5 分； (2)短接端子错误，每处扣 10 分； (3)开入信息记录错误，每处扣 5 分		
2	主变失灵解闭锁回路检验	(1)投入变压器保护屏上 1CLP6“解除中母差电压闭锁”硬压板； (2)短接变压器保护装置上失灵解闭锁对应的端子； (3)在母线保护装置上查看主变失灵解复压闭锁开入信息	15	(1)未投入对应的硬压板，每处扣 5 分； (2)短接端子错误，每处扣 10 分； (3)开入信息记录错误，每处扣 5 分		
3	变压器单元断路器失灵回路检验	(1)投入变压器保护屏上 1CLP7“启动中压侧开关失灵”硬压板； (2)短接变压器保护装置上启动中压侧开关失灵对应的端子； (3)在母线保护装置上查看失灵开入信息	15	(1)未投入对应的硬压板，每处扣 5 分； (2)短接端子错误，每处扣 10 分； (3)开入信息记录错误，每处扣 5 分		
4	二次措施及现场恢复	(1)拆除端子上的短接线； (2)二次安措恢复至试验前状态； (3)打扫实训现场	10	(1)未拆除短接线，扣 5 分。 (2)二次安措未恢复至试验前状态，扣 5 分； (3)未打扫实训现场，扣 3 分		

（续表）

序号	作业名称	质量标准	分值	扣分标准	扣分	得分
5	试验报告	（1）记录母线保护装置具体信息。包括装置型号、对应的电压等级，为A套还是B套保护等信息； （2）记录线路保护装置具体信息。包括装置型号、对应的电压等级，为A套还是B套保护等信息； （3）记录变压器保护装置具体信息。包括装置型号、对应的电压等级，为A套还是B套保护等信息； （4）记录回路检验时短接的端子号与开入量的变化情况； （5）检验结论	10	（1）未记录装置具体信息，每项扣3分； （2）未记录或错误填写短接端子号，每处扣3分； （3）未记录开入量变化情况，每处扣2分； （4）未写检验结论，扣3分		
三、工作终结						
1	工作票终结	办理工作票终结（口述）	5	未办理工作票终结，扣5分		
合计			100			
考评员栏		成绩：		考评老师：		

八、相关知识点

知识点：断路器失灵回路检验任务关系到不同保护屏之间的电缆连接关系。此时就需要对变电站竣工图进行查阅。

九、拓展思考

变压器单元断路器失灵回路接点在什么情况下会闭合？

单元六 变电二次安装

任务 1 屏柜二次电缆排列固定

一、学习情境描述

计划对微机变压器保护屏后的电压、电流端子进行更换任务，安全措施已布置完成。

二、学习目标

（1）知识目标：

① 掌握电流型端子和电压型端子的节本结构及作用。

② 掌握电流型端子和电压型端子更换安装的工艺要求。

（2）能力目标：

① 能正确完成电流型端子的更换安装。

② 能正确完成电压型端子的更换安装。

（3）思政目标：

① 了解专业规程规范：《DL/T 995—2016 继电保护和电网安全自动装置检验规程》；《DL/T 478—2013 继电保护和安全自动装置通用技术条件》；《GB/T 7261—2008 继电保护和安全自动装置基本试验方法》。

② 培养严谨认真的工作作风。

③ 培养团队协作精神。

④ 养成良好的劳动习惯。

三、任务书

（1）电流型端子的更换安装。

（2）电压型端子的更换安装。

四、任务咨询

引导问题 1：保护屏后电压型端子和电流型端子分别有什么样的作用?

答：

引导问题 2：保护屏后端子排的编号是怎样命名的?

答：

引导问题 3：电压、电流型端子的滑动连接片有什么作用?

答：

五、任务实施

1）完成现场一次、二次安全措施布置。

相邻屏前后悬挂“运行设备”红布帘，工作屏前后悬挂“在此工作”标识牌。

2）工器具、资料准备。

万用表、一字螺丝刀、钢卷尺、扳手、绝缘手套。

3）任务实施。

（1）安装前的检查。

① 检查待更换的端子的型号、数量是否符合图纸要求。

② 检查保护屏后端子排导轨是否有破损。

（2）端子的安装。

① 根据二次安装图，确定端子排的安装位置。确定端子的安装方向。一般按照先上后下、先左后右的顺序从导轨一端向另一端安装。

② 按照端子排图，在导轨的端子起始位置上卡上端子固定件以及标记件，然后将图纸中所需要安装的端子依次装入导轨中，每组端子的第一个端子应安装挡片，防止发生漏电或短路情况发生。

③ 在每组端子末端卡上固定件。

④ 端子附件安装：按图纸要求，在端子排的相应位置处安装连片、标记条、分组挡板、隔板及标记件上的标识等端子附件。对固定件、连片上螺栓进行紧固。

（3）安装后检查。

① 检查端子固定牢固、端子之间无空隙。

② 检查端子固定件、连片上螺栓均已紧固。

③ 对照图纸检查端子安装数量及型号齐全、附件安装到位。

六、工作实施流程

（1）领取任务：按组分配工位，每组一个工位完成任务。

（2）工作前准备：

① 人员准备：指导教师为安全监护人，组长为工作负责人，其余人员为工作成员，工作人员应清楚工作内容、安全措施，精神状态正常，无妨碍工作的病症。

② 危险点分析，安全预控措施：检查现场符合工作条件，分析本次工作危险点并做好相应预控措施，布置现场一次安全措施。

③ 工作人员穿着工作服。

（3）根据认知情况，完成安装、接线。

（4）分组练习。

（5）指导老师点评实施情况；

（6）清理现场。

七、评价反馈

（1）学生自评，见附录 1《学生自评表》；

（2）团队互评，见附录 2《团队互评表》；

（3）教师评价，见表 6-1-1。

表 6-1-1　教师评价

序号	作业名称	质量标准	分值	扣分标准	扣分	得分
一、准备工作						
1	着装及安全工作	着棉质长袖工作服，系好领口和袖口，穿绝缘鞋，戴棉质手套，戴安全帽	10	（1）未按规定佩戴安全帽、工作服、绝缘鞋、手套每项扣 5 分； （2）安全帽、着装不规范出现一项扣 2 分； （3）本项 8 分，扣完为止		
2	选择工器具	选择工器具满足工作需要，工器具做外观检查	10	（1）工器具每一项选用不当，扣 1 分； （2）工器具未做外观检查，扣 2 分； （3）本项 5 分，扣完为止		

（续表）

序号	作业名称	质量标准	分值	扣分标准	扣分	得分
3	开工	履行开工手续	10	未口头交代工作票或安全措施票未填写及不全面扣3分。		
二、工作过程						
1	材料摆放	分类摆放，整齐有序	10	不整齐之处，每项扣1分，扣完为止。		
2	安装前检查	检查待安装的端子排及附件型号、规格、数量是否与图纸要求相符；检查端子排及附件外观是否完好，是否有破损或损坏。	10	（1）未检查待安装的端子排及附件型号、规格、数量，每缺一项扣3分； （2）未检查端子排及附件外观扣2分		
3	端子安装位置及安装方向确定	根据二次安装图，确定端子排的安装位置及安装方向；按照端子拍图，在导购端子起始位置卡上端子固定件以及标记件。	10	（1）端子排安装位置有误的，每个端子排扣2分， （2）为安装固定件及标记件的，每缺一个扣2分； （3）不符合要求每处扣分，至本项扣完为止		
4	端子安装	将图纸中所需要安装的端子依次装入导轨中，每组端子的第一个端子应安装挡片，防止发生漏电或短路情况发生；在每组端子末端卡上固定件。	10	（1）未将每组短暂的第一个端子安装挡片的，每缺1个扣2分； （2）未在每组端子末端卡固定件的，每缺一个扣2分； （3）不符合要求每处扣分，至本项扣完为止		
5	端子附件安装	按图纸要求，在端子排的相应位置处安装连片、标记条、分组挡板、隔板及标记件上的标识等端子附件；对固定件、连片上螺栓进行紧固。	10	（1）未在端子排的相应位置处安装连片、标记条、分组挡板、隔板及标记件上的标识等端子附件的，每缺1个扣2分； （2）未对固定件、连片上螺栓进行紧固的，每缺一个扣2分； （3）不符合要求每处扣分，至本项扣完为止		
6	安装后检查	检查端子固定牢固、端子之间无空隙；检查端子固定件、连片上螺栓均已紧固；对照图纸检查端子安装数量及型号齐全、附件安装到位。	10	（1）未检查端子固定牢固、端子之间无空隙的扣4分； （2）未检查端子固定件、连片上螺栓均已紧固的扣4分； （3）未对照图纸检查端子安装数量及型号齐全、附件安装到位的扣4分； （3）不符合要求每处扣分，至本项扣完为止。		

（续表）

序号	作业名称	质量标准	分值	扣分标准	扣分	得分
三、工作终结						
1	安全文明生产	遵守安规、规程情况；按时完成；清理工作现场	10	（1）操作超时，每超 1 分钟扣 1 分； （2）现场清干净，不清理扣 3 分，清理不符合要求扣 2 分； （3）本项 10 分，扣完为止。		
合计			100			
考评员栏		成绩：		考评老师：		

八、相关知识点

知识点 1：保护屏端子排的编号原则（见表 6-1-2）。

表 6-1-2 保护屏柜端子排编号规则

回路名称	端子排编号	回路名称	端子排编号
交流电压	UD	母差联跳	SD
交流电流	ID	与保护配合	PD
直流电源	ZD	中央信号	XD
开关量强电开入	QD	遥信	YD
非电量开入	FD	录波	LD
强电对时开入	OD	通讯	TD
开关量弱电开入	RD	交流电源	JD
出口回路正端	CD	备用	BD
出口回路负端	KD		

知识点 2：保护屏端子排安装的工艺标准。

（1）当端子排的数量小于 100 档时，最高端子离地面 1 700 mm。

（2）当端子排的数量大于 100 档时，以距离地面 1 300 mm 为基准上下均匀布置，但最高端子距离地面不超过 2 000 mm，最低端子距离地面不低于 350 mm。

（3）端子排与保护屏侧面夹角在 20° ~ 25°。

（4）端子排最外侧与保护屏侧面距离不小于 50 mm，与保护屏后面距离不小于 200 mm。

九、拓展思考

在运行的保护屏上更换电压、电流型端子排的安全措施是什么？

任务 2　蓄电池组安装

一、学习情境描述

计划对蓄电池组进行安装、连接和电压检测任务，安全措施已布置完成。

二、学习目标

（1）知识目标：

① 掌握铅酸蓄电池的基本工作原理和及型号参数。

② 掌握蓄电池组安装的工艺要求。

（2）能力目标：

① 能正确完成蓄电池组进行安装、连接。

② 能规范完成蓄电池组安装完成后的检查。

（3）思政目标：

① 了解专业规程规范：《DL/T 995—2016 继电保护和电网安全自动装置检验规程》；《DL/T 478—2013 继电保护和安全自动装置通用技术条件》；《GB/T 7261—2008 继电保护和安全自动装置基本试验方法》。

② 培养严谨认真的工作作风。

③ 培养团队协作精神。

④ 养成良好的劳动习惯。

三、任务书

（1）蓄电池组进行安装、连接；

（2）蓄电池组安装完成后的检查。

四、任务咨询

引导问题 1： 指出单体蓄电池的铭牌上各参数的含义？

答：

引导问题 2：如何测量单体蓄电池的电压？如何测量蓄电池组的总电压？

答：

五、任务实施

（1）完成现场一次、二次安全措施布置。

在工作区域设置围栏，在工作区域入口处悬挂“从此进入”标识牌，工作围栏上悬挂“在此工作”标识牌。

（2）工器具、资料准备。

万用表、一字螺丝刀、钢卷尺、扳手、绝缘手套。

（3）任务实施。

① 安装前的检查。

a. 蓄电池应存放在清洁、干燥、通风良好的室内，应避免阳光直射。

b. 蓄电池不得倒置，开箱后不得重叠存放。

c. 进行外观检查，查看是否有泄漏，磕碰，以及核对数量。

② 蓄电池组连接。

a. 蓄电池应排列整齐，高低一致，放置平稳。蓄电池之间的间隙应均匀一致。

b. 蓄电池需进行编号，编号清晰齐全。

c. 蓄电池各级电池之间连接线搭接处清洁后涂电力复合脂，并用力矩扳手紧固，力矩大小符合厂家要求。

d. 蓄电池连接的同时，将单体电池的采样线同步接入，接入前确认采样装置侧已接入，以免发生短路；采样线排列整齐，工艺美观。

③ 安装后检查。

a. 蓄电池间连接线连接可靠，整齐、美观。

b. 蓄电池上部或蓄电池端子上应加盖绝缘盖，以防止发生短路。

c. 测量并记录蓄电池的单体电压和蓄电池组的总电压是否正常。

六、工作实施流程

（1）领取任务：按组分配工位，每组一个工位完成任务。

（2）工作前准备。

① 人员准备:指导教师为安全监护人,组长为工作负责人,其余人员为工作成员,工作人员应清楚工作内容、安全措施，精神状态正常，无妨碍工作的病症。

② 危险点分析，安全预控措施:检查现场符合工作条件，分析本次工作危险点并做好相应预控措施，布置现场一次安全措施。

③ 工作人员穿着工作服。

（3）根据认知情况，完成安装、接线。

（4）分组练习。

（5）指导老师点评实施情况;

（6）清理现场。

七、评价反馈

（1）学生自评，见附录1《学生自评表》;

（2）团队互评，见附录2《团队互评表》;

（3）教师评价，见表6-2-1。

表6-2-1　教师评价

序号	作业名称	质量标准	分值	扣分标准	扣分	得分
一、准备工作						
1	开工	履行开工手续	5	未口头交代工作票或安全措施票未填写及不全面扣2分		
2	现场检查	对各个蓄电池逐个进行型号、外观检查，并记录开箱数据，检查施工器具及材料是否充足完备	5	（1）检查缺项漏项每处扣2分; （2）不符合要求每处扣分，至本项扣完为止		
3	选取施工器具及施工材料	正确选择施工器具及材料	5	（1）选取的安全工器具与本项操作任务不符，每项扣1分; （2）选取的安全工器具的电压等级与本项操作任务不符，每项扣2分; （3）不符合要求每处扣分，至本项扣完为止		
二、工作过程						
1	材料摆放	分类摆放，整齐有序	5	不整齐之处，每项扣1分，扣完为止。		

（续表）

序号	作业名称	质量标准	分值	扣分标准	扣分	得分
2	蓄电池外观检查	（1）蓄电池外壳、上盖及端子无物理性损伤； （2）安全排气阀是否完好； （3）无漏液、爬酸现象； （4）蓄电池表面应干净、无污垢； （5）蓄电池时必须确认在同一生产厂家、同一型号、同一生产批次的蓄电池	10	（1）工作内容缺项漏项、操作不规范每次扣2分； （2）不符合要求每处扣分，至本项扣完为止		
3	蓄电池电压检查	（1）蓄电池组中各蓄电池的开路电压最大最小电压差不得超过0.06 V（标称电压2 V的蓄电池，开路电压最大最小电压差不得超过0.03 V）； （2）新电池开箱后，每个电池的端电压应做好记录	10	（1）工作内容缺项漏项、操作不规范每次扣2分； （2）不符合要求每处扣分，至本项扣完为止		
4	蓄电池搬运及摆放	（1）单个蓄电池搬运时禁止在端子处用力，否则会使极柱密封发生泄漏； （2）摆放时要保证单个电池之间的距离在20 mm以上，列与列之间的距离在30 mm以上； （3）待安装的电池组应平整、密实，布置整齐美观	10	（1）工作流程不正确，每次扣2分； （2）工作内容缺项漏项、操作不规范每次扣2分； （3）不符合要求每处扣分，至本项扣完为止		
5	蓄电池组安装	按照图纸和厂家技术资料，将相邻蓄电池的正极和负极串联起来，安装时应注意以下要点： （1）安装时要注意蓄电池的极性，如极性接反，可导致火灾及充电设备损坏； （2）压接蓄电池之间的连接条时，一定要注意不能让蓄电池的极柱受到扭曲力，否则将会造成蓄电池破裂和泄漏； （3）不能把不同容量、不同性能或新旧不同的蓄电池连接在一起； （4）安装时要保证蓄电池连接处的清洁。连接部位应用砂纸打磨，清除极柱及连接片的氧化膜，并在连接部位涂电力复合脂，以降低接触电阻，避免发热； （5）单体蓄电池应采用不锈钢或铜螺钉、螺栓连接，连接时必须加弹簧垫圈和平垫圈（紧固螺栓的扭矩值应达到11.3 N·m）	10	（1）工作流程不正确，每次扣2分； （2）工作内容缺项漏项、操作不规范每次扣2分； （3）不符合要求每处扣分，至本项扣完为止		

（续表）

序号	作业名称	质量标准	分值	扣分标准	扣分	得分
6	蓄电池组电压测量	蓄电池组安装完毕后应测量并记录整组蓄电池的单体电池电压蓄电池组总电压是否正常	7	（1）工作内容缺项漏项、操作不规范每次扣1分；（2）不符合要求每处扣分，至本项扣完为止		
7	蓄电池组加装防护罩	检查完毕后在蓄电池极柱接线端上盖上绝缘防护罩，防止发生短路现象	8	（1）工作内容缺项漏项、操作不规范每次扣1分；（2）不符合要求每处扣分，至本项扣完为止		
8	蓄电池组编号	（1）蓄电池安装完毕后，对单体蓄电池进行编号。应按电池串联的顺序连续编号，不得乱序、跳号；（2）编号的粘贴应整齐美观，应粘贴在每个电池的同一部位和水平高度。	10	（1）工作内容缺项漏项、操作不规范每次扣1分；（2）不符合要求每处扣分，至本项扣完为止。		
9	现场安全检查及汇报	检查已安装完毕的蓄电池组不存在任何短路可能性，及时向监考人员汇报安装完成情况并进行防止蓄电池组短路的安全性交代	5	（1）工作内容缺项漏项、操作不规范每次扣1分；（2）不符合要求每处扣分，至本项扣完为止		
三、工作终结						
1	安全文明生产	（1）及时清理废料、清扫现场，施工完成后现场应干净整洁；（2）剩余材料及工器具应摆放整齐，仪器设备恢复至使用前初始状态	10	（1）不文明操作每项扣4分（2）一般事故扣4分；（3）未进行现场清扫或仪器设备不恢复至使用前初始状态。扣2分		
合计			100			
考评员栏		成绩：		考评老师：		

八、相关知识点

知识点：蓄电池组安装的工艺标准。

（1）蓄电池支架组装固定牢靠，水平度误差≤5 mm。

（2）蓄电池室内的金属支架应接地。

（3）蓄电池安装应平稳，间距应均匀一致，单体蓄电池之间的间距不应小于5 mm。

（4）同一排、列的蓄电池槽应高低一致，排列整齐。

（5）蓄电池应按顺序进行编号，编号标识清晰、齐全。

（6）蓄电池电缆引出线正极为赭色（棕色）、负极为蓝色。

（7）蓄电池间连接线应连接可靠，整齐、美观，极性标识正确、清晰。

（8）电缆接线端子处应有绝缘防护罩，蓄电池上部或蓄电池端子上应加盖绝缘盖，以防止发生短路。

九、拓展思考

用万用表测量蓄电池单体电压的时候，若果选错了交流电压挡，测出的值是多少?

任务3　光纤熔接

一、学习情境描述

计划在规定时间内完成光配内光纤熔接，安全措施已布置完成。

二、学习目标

（1）知识目标：

① 掌握光纤熔接机的使用方法。

② 掌握电力用光纤的结构及原理。

（2）能力目标：

① 能正确完成光纤的接续工作。

② 能规范使用光纤熔接机。

（3）思政目标：

① 了解专业规程规范：《DL/T 995—2016 继电保护和电网安全自动装置检验规程》；《DL/T 478—2013 继电保护和安全自动装置通用技术条件》；《GB/T 7261—2008 继电保护和安全自动装置基本试验方法》。

② 培养严谨认真的工作作风。

③ 培养团队协作精神。

④ 养成良好的劳动习惯。

三、任务书

使用光纤熔接机完成光纤的接续。

四、任务咨询

引导问题 1：光纤传输信号的优点及不足是什么？

答：

引导问题 2：光纤熔接机的基本参数及使用方法？

答：

五、任务实施

（1）完成现场一次、二次安全措施布置。

在工作区域设置围栏，在工作区域入口处悬挂“从此进入”标识牌，工作围栏上悬挂“在此工作”标识牌。

（2）工器具、资料准备。

光纤熔接机、电源盘、绝缘卷尺、电工刀等。

（3）任务实施。

① 光纤接续前的准备工作。

a. 给光纤安装热缩管。

b. 光纤的剥除和清洁：用剥纤钳剥除光纤涂覆层，长度为 30-40 mm。并用蘸酒精的纱布或者足够软的棉纸把光纤擦干净。用干净的棉布擦一次，不要用同样的棉布去擦第二次。

c. 切割光纤：把光纤涂敷层边缘对准标尺上适当的刻度后将光纤放入导向压槽内，

确认裸光纤被笔直地放在橡胶垫上。合上小压板、整体压板，推动装置有刀片的滑动板至另一侧，切断光纤。打开整体压板并用手捏住光纤同时打开小压板，用手指弹掉碎纤，仔细移开光纤，光纤断面不要碰及它物。

② 放置光纤。

a. 打开防风盖和光纤压板。

b. 把准备好的光纤放置在 V 型槽上，并使光纤的尖端处于电极尖端和 V 型槽边缘之间。如果光纤弯曲，放置光纤时应使弯曲部分向上。小心不要让准备好的光纤撞击任何的地方以保证光纤断面的质量。

c. 用手指捏住光纤，然后关闭压板，压住光纤。确保光纤放置在 V 型槽的最底部。如果光纤放置不正确，请重新放置光纤，按上面的步骤放置另外一根光纤，关闭防风盖。

③ 光纤熔接。

a. 光纤被装入熔接机后，按就开始熔接操作，光纤先做相向的运动。

b. 光纤对准完成之后，执行放电功能，熔接光纤。

c. 熔接完成之后，将显示估算的熔接损耗。

六、工作实施流程

（1）领取任务：按组分配工位，每组一个工位完成任务。

（2）工作前准备。

① 人员准备：指导教师为安全监护人，组长为工作负责人，其余人员为工作成员，工作人员应清楚工作内容、安全措施，精神状态正常，无妨碍工作的病症。

② 危险点分析，安全预控措施：检查现场符合工作条件，分析本次工作危险点并做好相应预控措施，布置现场一次安全措施。

③ 工作人员穿着工作服。

（3）根据认知情况，完成安装、接线。

（4）分组练习。

（5）指导老师点评实施情况。

（6）清理现场。

七、评价反馈

（1）学生自评，见附录 1《学生自评表》；

（2）团队互评，见附录 2《团队互评表》；

（3）教师评价，见表 6-3-1。

表 6-3-1　教师评价

序号	作业名称	质量标准	分值	扣分标准	扣分	得分
一、准备工作						
1	开工	履行开工手续	5	未口头交代工作票或安全措施票未填写及不全面扣 2 分		

（续表）

序号	作业名称	质量标准	分值	扣分标准	扣分	得分
2	现场设备检查	检查光纤熔接机是否完好，施工器具及材料是否充足完备	5	（1）检查缺项漏项每处扣 2 分； （2）不符合要求每处扣分，至本项扣完为止		
3	选取施工器具及施工材料	正确选择施工器具及材料	5	（1）选取的安全工器具与本项操作任务不符，每项扣 1 分； （2）选取的安全工器具的电压等级与本项操作任务不符，每项扣 2 分； （3）不符合要求每处扣分，至本项扣完为止		
二、工作过程						
1	材料摆放	分类摆放，整齐有序	5	不整齐之处，每项扣 1 分，扣完为止。		
2	光纤剖切	（1）用剖刀剖开光纤外护层，剖开长度应符合要求，便于后续施工； （2）去除屏蔽层及填充物，用清洁棉将光纤擦拭干净	10	（1）工作流程不正确，每次扣 2 分； （2）工作内容缺项漏项、操作不规范每次扣 2 分； （3）不符合要求每处扣分，至本项扣完为止		
3	光纤剖切后处理	（1）剖除光纤束管，剖开长度应符合要求，便于后续施工；剥除光纤涂层； （2）给每根光纤套入一个热缩管	14	（1）工作流程不正确，每次扣 2 分； （2）工作内容缺项漏项、操作不规范每次扣 2 分； （3）不符合要求每处扣分，至本项扣完为止		
4	光纤纤芯的切割	用清洁的切刀切割光纤，切割过程应平稳自然，避免出现断纤、斜角、毛刺、裂痕，切断长度应满足要求，便于后续施工	16	（1）工作流程不正确，每次扣 2 分； （2）工作内容缺项漏项、操作不规范每次扣 2 分； （3）不符合要求每处扣分，至本项扣完为止		
5	光纤熔接机检查	（1）正确开启光纤熔接机，检查熔纤机工作状体是否正常，正确选择熔接模式； （2）将熔纤机熔纤槽清理干净	14	（1）工作流程不正确，每次扣 2 分； （2）工作内容缺项漏项、操作不规范每次扣 2 分； （3）不符合要求每处扣分，至本项扣完为止		

（续表）

序号	作业名称	质量标准	分值	扣分标准	扣分	得分
6	光纤熔接	（1）把光纤放入V型槽，预热后进行熔接；（2)光纤熔接好后，应观察衰耗符合工艺要求	16	（1）工作流程不正确，每次扣2分；（2）工作内容缺项漏项、操作不规范每次扣2分；（3）不符合要求每处扣分，至本项扣完为止		
三、工作终结						
1	安全文明生产	（1)及时清理废料、清扫现场，施工完成后现场应干净整洁；（2）剩余材料及工器具应摆放整齐，仪器设备恢复至使用前初始状态	10	（1）不文明操作每项扣4分（2）一般事故扣4分；（3）未进行现场清扫或仪器设备不恢复至使用前初始状态。扣2分		
合计			100			
考评员栏		成绩：		考评老师：		

八、相关知识点

知识点1：光纤的基本结构。

光纤一般由纤芯、包层、涂敷层及套层组成，纤芯位于光纤中心，直径为5～75 μm，作用是传输光波。包层位于纤芯外层，直径为100～150 μm，作用是将光波限制在纤芯中。涂敷层是为了保护裸纤而在其表面涂上的聚氨基甲酸乙酯或硅酮树脂层，厚度一般为30～150 μm。套层又称二次涂覆或被覆层，多采用聚乙烯塑料或聚丙烯塑料、尼龙等材料。

知识点2：光纤熔接机的使用注意事项。

（1）熔接机在使用交流电源时，注意保护适配器，电源接好地线。

（2）熔接机在放电过程中，电极间有数千伏高压，此时千万不要触摸电极棒。

（3）使用环境中不可有汽油、瓦斯和氟利昂等易燃易爆气体，以免导致熔接不良或意外事故。

（4)擦拭光纤定位槽和显微镜头时，要使用无水乙醇，棉签的擦拭方向应为单向，禁止双向擦拭。

九、拓展思考

光纤传输信号的损耗是如何计算的？

任务 4　直流馈线回路检查

一、学习情境描述

计划对直流屏馈线回路进行检查，包括馈线空气开关、馈线指示灯、直流屏端子排、负荷端子排。安全措施已布置完成。

二、学习目标

（1）知识目标：

① 掌握直流回路绝缘电阻的技术要求。

② 掌握直流馈线回路检查方法的。

（2）能力目标：

① 能正确完成直流回路绝缘电阻的测量。

② 能正确进行端子排上直流回路电压的测量。

（3）思政目标：

① 了解专业规程规范：《DL/T 995—2016 继电保护和电网安全自动装置检验规程》；《DL/T 478—2013 继电保护和安全自动装置通用技术条件》；《GB/T 7261—2008 继电保护和安全自动装置基本试验方法》。

② 培养严谨认真的工作作风。

③ 培养团队协作精神。

④ 养成良好的劳动习惯。

三、任务书

（1）直流回路绝缘电阻的测量。

（2）端子排上直流回路电压的测量。

四、任务咨询

引导问题 1：对直流回路端子排上进行电压测量应选用的万用表的挡位和测量范围？

答：

引导问题 2：如何用摇表测量直流回路对地的绝缘电阻?

答:

五、任务实施

（1）完成现场一次、二次安全措施布置。

相邻屏前后悬挂“运行设备”红布帘，工作屏前后悬挂“在此工作”标识牌。

（2）工器具、资料准备。

万用表、电子式绝缘摇表、试验线若干、一字螺丝刀、绝缘手套。

（3）任务实施。

① 直流馈线屏外观检查。

对照接线图，检查馈线空开、馈线指示灯、直流屏端子排、负荷侧端子排的接线是否正确，接线是否牢固；检查馈线空开标签座上的馈线回路双重名称、馈线电缆两侧的电缆标识牌是否正确。

② 直流回路绝缘电阻测量。

采用 1 000 V 摇表分别测量正负极之间、正极对地、负极对地的绝缘电阻，绝缘电阻均大于 10 MΩ，测量结果计入表 6-4-1。

表 6-4-1　任务记录表 1

序号	馈线编号	馈线 1	馈线 2	馈线 3
1	正负极之间（兆欧）			
2	正极对地（兆欧）			
3	负极对地（兆欧）			

③ 送电后电压测量。

在直流屏侧、负荷侧端子排上用万用表测量该馈线正负极之间电压、正对地电压、负对地电压，并计入表 6-4-2。

表 6-4-2　任务记录表 2

序号	馈线支路号	馈线 1	馈线 2	馈线 3
1	正负极之间（伏）			
2	正极对地（伏）			
3	负极对地（伏）			

六、工作实施流程

（1）领取任务：按组分配工位，每组一个工位完成任务。

（2）工作前准备。

① 人员准备：指导教师为安全监护人，组长为工作负责人，其余人员为工作成员，工作人员应清楚工作内容、安全措施，精神状态正常，无妨碍工作的病症。

② 危险点分析，安全预控措施：检查现场符合工作条件，分析本次工作危险点并做好相应预控措施，布置现场一次安全措施。

③ 工作人员穿着工作服。

（3）根据认知情况，完成安装、接线。

（4）分组练习。

（5）指导老师点评实施情况；

（6）清理现场。

七、评价反馈

（1）学生自评，见附录 1《学生自评表》。

（2）团队互评，见附录 2《团队互评表》。

（3）教师评价，见表 6-4-3。

表 6-4-3　教师评价

序号	作业名称	质量标准	分值	扣分标准	扣分	得分
一、准备工作						
1	着装及安全工作	着棉质长袖工作服，系好领口和袖口，穿绝缘鞋，戴棉质手套，戴安全帽	10	（1）未按规定佩戴安全帽、工作服、绝缘鞋、手套每项扣 5 分； （2）安全帽、着装不规范出现一项扣 2 分； （3）本项 8 分，扣完为止		
2	选择工器具	选择工器具满足工作需要，工器具做外观检查	8	工器具每一项选用不当，扣 1 分；（2）工器具未做外观检查，扣 2 分；（3）本项 5 分，扣完为止		
3	开工	履行开工手续	5	未口头交代工作票或安全措施票未填写及不全面扣 3 分		
二、工作过程						
1	材料摆放	分类摆放，整齐有序	5	不整齐之处，每项扣 1 分，扣完为止		

（续表）

序号	作业名称	质量标准	分值	扣分标准	扣分	得分
2	外观检查	对照接线图，检查馈线空开、馈线指示灯、直流屏端子排、负荷侧端子排的接线是否正确，接线是否牢固；检查馈线空开标签座上的馈线回路双重名称、馈线电缆两侧的电缆标识牌是否正确	10	（1）未检查馈线空开、馈线指示灯、直流屏端子排、负荷侧端子排的接线是否正确，接线是否牢固，每缺1项扣2分； （2）未检查馈线空开标签座上的馈线回路双重名称、馈线电缆两侧的电缆标识牌是否正确，每缺1项扣2分； （3）不符合要求每处扣分，至本项扣完为止		
3	馈线电缆无压检测	断开该直流馈线空开和负荷侧空开，在直流屏端子排、负荷侧端子排上用万用表测量该馈线电缆芯线均无电压后，在两侧端子排上分别解开该馈线电缆芯线	10	（1）未检测馈线电缆芯线无电压，每缺1项扣2分， （2）不符合要求每处扣分，至本项扣完为止		
4	馈线电缆通断测试	用万用表对馈线电缆进行通断测试，验证馈线电缆回路的正确性。然后用绝缘摇表测量该馈线电缆正负极之间、正极对地、负极对地的绝缘电阻是否合格。若不合格，则需重新敷设馈线电缆	10	（1）绝缘摇表使用错误，此项不得分； （2）未测量绝缘电阻，每缺1项扣2分； （3）不符合要求每处扣分，至本项扣完为止		
5	恢复馈线电缆接线	检查完毕后恢复直流屏端子排、负荷侧端子排上馈线电缆接线	5	未恢复直流屏端子排、负荷侧端子排上馈线电缆接线，此项不得分		
6	指示灯检查	在确认馈线元件及回路均正常的情况下，合上该直流馈线空开，检查对应直流馈线指示灯是否点亮	8	（1）绝缘电阻测量，每缺少一项，扣2分； （2）不符合要求每处扣分，至本项扣完为止		
7	馈线电压检查	在直流屏侧、负荷侧端子排上用万用表测量该馈线正负极之间电压、正对地电压、负对地电压是否正常，保证回路正常供电	10	（1）万用表使用错误，此项不得分； （2）未测量电压，每缺1项扣2分； （3）不符合要求每处扣分，至本项扣完为止		

（续表）

序号	作业名称	质量标准	分值	扣分标准	扣分	得分
8	合上负荷侧空开	合上负荷侧空开	4	未合上负荷侧空开此项不得分		
9	数据记录	将测试结果记录在直流馈线回路检查记录表中	5	（1）记录有误，每项扣2分； （2）不符合要求每处扣分，至本项扣完为止		
三、工作终结						
1	安全文明生产	遵守安规、规程情况；按时完成；清理工作现场	10	（1）操作超时，每超1分钟扣1分； （2）现场清干净，不清理扣3分，清理不符合要求扣2分； （3）本项10分，扣完为止		
合计			100			
考评员栏		成绩：		考评老师：		

八、相关知识点

知识点 1：电子式摇表测量绝缘电阻的方法。

将仪表 E 端接试品的接地端（或一端），L 端接试品的线路端（或另一端）。将选择开关置所需的额定电压位，显示屏首位显示“1”，表示工作电源接通。按一下高压开关按钮，高压指示灯点亮，显示屏上显示的数值就是被测试品的绝缘电阻值。当试品的绝缘电阻值超过仪表量程的上限值时，显示屏首位显示“1”，后三位熄灭。

知识点 2：万用表测量直流及交流电压的方法。

电压测量包括直流电压和交流电压测量，其测量的基本方法相同，以测量 220 V 直流电压为例，其步骤是：

① 将红表笔插入 V / ?插孔，黑表笔插入 COM 插孔。

② 将转换开关置于 DCV 220 V 以上挡。

③ 将电源开关按下（ON）。

测量交流电压的方法类似，只是挡位应当选择在交流档（ACV）上，而且极性不做要求。

进行电压测量时需注意以下几点：

① 如果事先不知道被测电压的大小，应先将功能转换开关拨至最高量程试测一次，然后再根据实际情况选择合适的量程。

② 如果在测量时，液晶屏只显示“1”，说明被测的电压值已超出所选量程，此时应改换更高的量程进行测量。

③ 测量电压时，若误用直流电压挡测量交流电压，或者误用交流电压挡去测量直流电压，仪表将显示“000”，或在低位上出现跳数现象，此时应及时调换正确的挡位。

九、拓展思考

若误用直流电压挡测量交流电压，或者误用交流电压挡去测量直流电压，仪表上会有怎样的显示？

任务 5　线路断路器二次回路检查

一、学习情境描述

计划在规定时间内检查完线路断路器二次控制回路的正确性和完好性，包括断路器的分合闸回路。安全措施已布置完成。

二、学习目标

（1）知识目标：

① 掌握线路断路器合闸回路工作原理。

② 掌握线路断路器分闸回路工作原理。

（2）能力目标：

① 能正确完成线路断路器合闸回路故障排除及检验。

② 能正确完成线路断路器分闸回路故障排除及检验。

（3）思政目标：

① 了解专业规程规范：《DL/T 995—2016 继电保护和电网安全自动装置检验规程》；《DL/T 478—2013 继电保护和安全自动装置通用技术条件》；《GB/T 7261—2008 继电保护和安全自动装置基本试验方法》。

② 培养严谨认真的工作作风。

③ 培养团队协作精神。

④ 养成良好的劳动习惯。

三、任务书

（1）线路断路器分合闸回路识读；

（2）线路断路器分合闸回路故障排除及检验。

四、任务咨询

引导问题 1： 如图 6-5-1 是 10 kV 线路保护的断路器的合闸控制回路，请说明：手动合闸回路的工作过程？保护重合闸回路的工作过程？

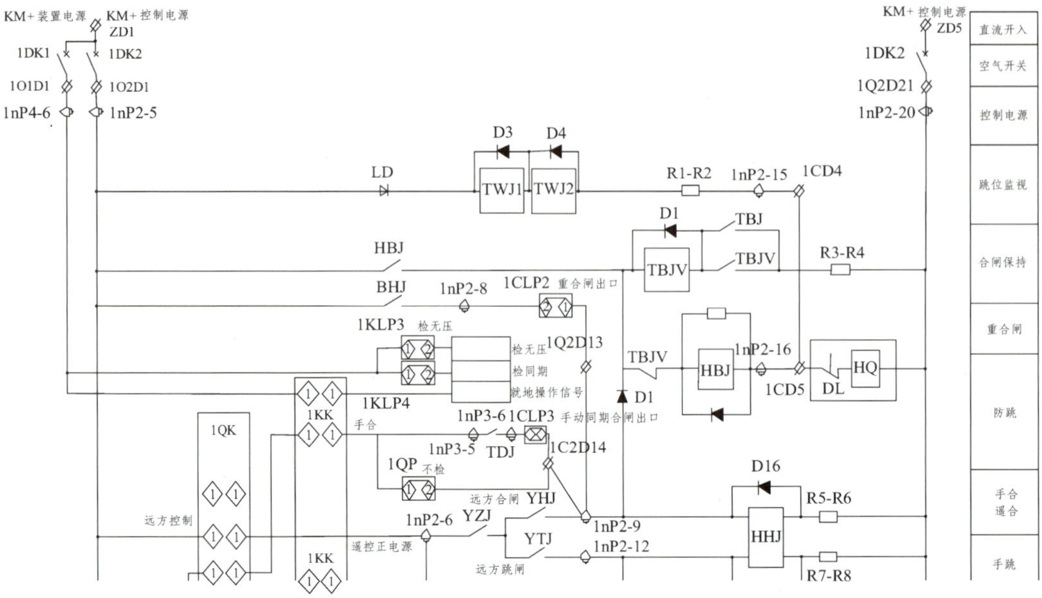

图 6-5-1　10 kV 线路保护的断路器的合闸控制回路

答：

引导问题 2：如图 6-5-2 是 10 kV 线路保护的断路器的分闸控制回路，请说明：手动分闸回路的工作过程？线路保护跳闸回路的工作过程？

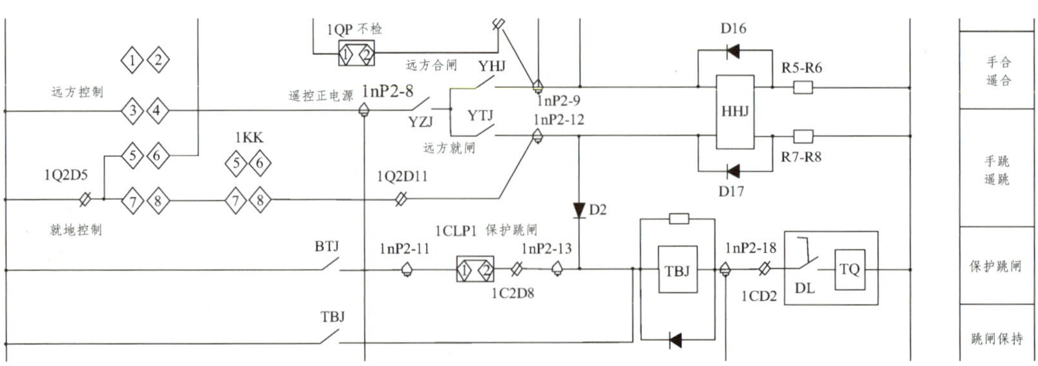

图 6-5-2　10 kV 线路保护的断路器的分闸控制回路

答：

五、任务实施

（1）完成现场一次、二次安全措施布置。

相邻屏前后悬挂“运行设备”红布帘，工作屏前后悬挂“在此工作”标识牌。

（2）工器具、资料准备。

万用表、继电保护测试仪、试验线若干、一字螺丝刀、绝缘手套。

（3）任务实施。

① 回路的检查核对。

a. 对照图纸资料核对整个控制回路的电缆走向是否与设计图纸一致。

b. 检查电缆标识牌和线缆号头是否与设计图纸一致。

② 断路器合闸回路正确性及完好性检查。

在断路器合位状态下用万用表通断挡逐段检查合闸控制回路的正确性，确认合闸回路的正确无误；如有故障，需要对故障进行排除。

③ 断路器分闸回路正确性及完好性检查。

在断路器合位状态下用万用表通断挡逐段检查分闸控制回路的正确性，确认分闸回路的正确无误；如有故障，需要对故障进行排除。

④ 断路器手动分合检查。

确认控制回路检查无误后，在保护测控屏上利用控制把手手动分合断路器，断路器应正确动作。

⑤ 断路器整组试验。

根据线路保护功能任意模拟一种合适的故障使保护正确动作，同时断路器完成一次“跳闸—合闸—加速跳闸”的完整动作流程，且断路器的动作响应与保护装置动作逻辑一致。

六、工作实施流程

（1）领取任务：按组分配工位，每组一个工位完成任务。

（2）工作前准备。

① 人员准备：指导教师为安全监护人，组长为工作负责人，其余人员为工作成员，工作人员应清楚工作内容、安全措施，精神状态正常，无妨碍工作的病症。

② 危险点分析，安全预控措施：检查现场符合工作条件，分析本次工作危险点并做好相应预控措施，布置现场一次安全措施。

③ 工作人员穿着工作服。

（3）根据认知情况，完成安装、接线。
（4）分组练习。
（5）指导老师点评实施情况；
（6）清理现场。

七、评价反馈

（1）学生自评，见附录 1《学生自评表》；
（2）团队互评，见附录 2《团队互评表》；
（3）教师评价，见表 6-5-1。

表 6-5-1　教师评价

序号	作业名称	质量标准	分值	扣分标准	扣分	得分
一、准备工作						
1	开工	履行开工手续	5	未口头交代工作票或安全措施票未填写及不全面扣 2 分		
2	现场检查	检查线路保护装置和断路器（或模断）是否完好，施工器具及材料是否合格完备	5	（1）检查缺项漏项每处扣 2 分； （2）不符合要求每处扣分，至本项扣完为止		
3	选取施工器具及施工材料	正确选择施工器具及材料	5	（1）选取的安全工器具与本项操作任务不符，每项扣 1 分； （2）选取的安全工器具的电压等级与本项操作任务不符，每项扣 2 分； （3）不符合要求每处扣分，至本项扣完为止		
二、工作过程						
1	材料摆放	分类摆放，整齐有序	8	不整齐之处，每项扣 1 分，扣完为止		
2	检查前准备	断开控制电源操作正确	10	未断开控制电源就开始操作扣 5 分		
3	回路的核对	（1）对照图纸资料核对整个控制回路的电缆走向是否与设计图纸一致； （2）检查电缆标识牌和线缆号头是否与设计图纸一致	12	（1）工作流程不正确，每次扣 2 分； （2）工作内容缺项漏项、操作不规范每次扣 2 分； （3）不符合要求每处扣分，至本项扣完为止		
4	断路器合位置状态时回路正确性及完好性检查	（1）在断路器合位状态下用万用表通断挡逐段检查控制回路的正确性，确认分闸回路和合闸回路的正确无误	12	（1）工作流程不正确，每次扣 2 分； （2）工作内容缺项漏项、操作不规范每次扣 2 分		

（续表）

序号	作业名称	质量标准	分值	扣分标准	扣分	得分
5	断路器分位置状态时回路正确性及完好性检查	（1）在断路器分位状态下用万用表通断挡逐段检查控制回路的正确性，确认分闸回路和合闸回路的正确无误	12	（1）工作流程不正确，每次扣2分； （2）工作内容缺项漏项、操作不规范每次扣2分		
6	断路器手动分合检查	（1）确认控制回路检查无误后，在保护测控屏上利用控制把手手动分合断路器，断路器应正确动作	8	（1）工作流程不正确，每次扣2分； （2）工作内容缺项漏项、操作不规范每次扣2分； （3）不符合要求每处扣分，至本项扣完为止		
7	断路器整组试验	（1）根据线路保护功能任意模拟一种合适的故障使保护正确动作，同时断路器完成一次“跳闸—合闸—加速跳闸”的完整动作流程，且断路器的动作响应与保护装置动作逻辑一致	16	（1）工作内容缺项漏项、操作不规范每次扣2分； （2）不符合要求每处扣分，至本项扣完为止。		
三、工作终结						
1	安全文明生产	（1）工器具、图纸资料及材料应摆放整齐； （2）工作过程中严禁造成交直流回路短路或接地	5	（1）不文明操作每项扣2分 （2）一般事故扣2分； （3）未进行现场清扫或工器具不恢复至使用前初始状态扣2分		
合计			100			
考评员栏	成绩：		考评老师：			

八、相关知识点

知识点1： 二次回路接线的验收要求。

《电气装置安装工程盘、柜及二次回路接线施工及验收规范》GB 50171—2012对二次回路的要求：

（1）按图施工，接线正确。

（2）导线与电气元件间采用螺栓连接、插接、焊接或压接等，均应牢固可靠。

（3）盘、柜内的导线不应有接头，导线绝缘应良好，无损伤。

（4）电缆芯线和所配导线的端部均应标明其回路编号；编号应正确，字迹清晰且不易脱色。

（5）配线整齐、清晰、美观；导线绝缘良好，无损伤。

（6）每个端子板的每侧接线一般为一根，不得超过两根。对于插接式端子，不抽截面的两根导线不得接在同一端子上；对于螺栓连接端子，当接两根导线时，蹭应加平垫片。

知识点 2：线路断路器整组试验的安全控制措施。

（1）运行屏上拆接线时应在端子排外侧进行，拆开的线应包好，并注意防止误碰其他运行回路，禁止将运行中的电流互感器二次回路开路及电压互感器二次回路短路、接地。拆除与运行设备有关联回路时，应先拆运行设备端，后拆另一端。其余回路一般先拆电源端，后拆另一端。

（2）做断路器主设备远方传动试验时，主设备处应设专人监视，并应有通信联络及相应应急措施。传动试验时，设备本体上严禁有人工作，设备下方严禁站人。

九、拓展思考

线路断路器的控制回路的防跳功能是如何实现的?

任务 6　UPS 运行调试

一、学习情境描述

计划对 UPS 电源进行调试，包括完成 UPS 装置外观检查、上电检查及功能调试等工作。安全措施已布置完成。

二、学习目标

（1）知识目标：

① 掌握 UPS 电源的组成结构及工作原理。

② 掌握 UPS 电源功能调试方法的。

（2）能力目标：

① 能正确完成 UPS 装置电源的外观检查。

② 能正确进行 UPS 装置电源上电检查及功能调试。

（3）思政目标：

① 了解专业规程规范：《DL/T 995—2016 继电保护和电网安全自动装置检验规程》；《DL/T 478—2013 继电保护和安全自动装置通用技术条件》；《GB/T 7261—2008 继电保护和安全自动装置基本试验方法》。

② 培养严谨认真的工作作风。

③ 培养团队协作精神。

④ 养成良好的劳动习惯。

三、任务书

（1）UPS 装置电源的外观检查；

（2）UPS 装置电源上电检查及功能调试。

四、任务咨询

引导问题 1：UPS 电源的组成结构及工作原理？请画出 UPS 电源的组成示意图，并说明每个组成部分的功能？

答：

引导问题 2：UPS 装置的输入电源是如何实现切换的？

答：

五、任务实施

（1）完成现场一次、二次安全措施布置。

相邻屏前后悬挂“运行设备”红布帘，工作屏前后悬挂“在此工作”标识牌。

（2）工器具、资料准备。

万用表、试验线若干、一字螺丝刀、绝缘手套。

（3）任务实施。

① UPS 电源装置外观检查。

a. 装置及屏内元器件固定牢固。

b. 系统标识文字清晰、正确。

c. 接线、插接件紧固、无松动。

d. 接线正确无误。

e. 装置及屏柜可靠接地。

② UPS 电源装置上电检查。

a. 上电前测量交流输入、直流输入、旁路输入电压，确认各电压均在允许范围内。

b. 上电后检查装置显示屏、指示灯、按键和触摸功能完好、风扇运转正常。

c. 装置无告警。

d. 装置运行监测数据正常。

③ 空载输出功能检验。

a. 空载下，只合上 UPS 装置交流输入空开及输出空开，待逆变器工作后，用万用表测量 UPS 输出电压值，输出电压稳态误差应在 ±2%以内，记录电压值。

b. 空载下，只合上 UPS 装置直流输入空开及输出空开，待逆变器工作后，用万用表测量 UPS 输出电压值，输出电压稳态误差应在 ±2%以内，记录电压值在表 6-6-1 中。

表 6-6-1 任务记录表 1

序号	测量项目	输出电压测量值
1	只合上 UPS 装置交流输入空开	
2	只合上 UPS 装置直流输入空开	

④ 切换功能检验。

a. 只合上 UPS 装置交流输入空开、直流输入空开以及输出空开。待逆变器工作后，断开交流输入空开，UPS 装置面板的供电指示灯切换到直流输入供电，且交流输出电压表显示输出无中断。再合上 UPS 装置交流输入空开，断开直流输入空开，UPS 装置面板的供电指示灯切换到交流输入供电，且交流输出电压表显示输出无中断，数据记录。

b. 只合上 UPS 装置交流输入空开、旁路输入空开以及输出空开。待逆变器工作后，断开交流输入空开，UPS 装置面板的供电指示灯切换到旁路输入供电，且交流输出电压表显示输出无中断，再合上 UPS 装置交流输入空开，断开旁路输入空开，UPS 装置面板的供电指示灯切换到交流输入供电，且交流输出电压表显示输出有无中断，数据记录。

c. 只合上 UPS 直流输入空开、旁路输入空开以及输出空开。待逆变器工作后，断开直流输入空开，观察 UPS 装置面板的供电指示灯是否切换到旁路输入供电，观察 UPS 交流输出电压表显示输出有无中断；再合上 UPS 直流输入空开，断开旁路输入空开，观察 UPS 装置面板的供电指示灯是否切换到直流输入供电，观察 UPS 装置交流输出电压表显示输出有无中断，记录数据在表 6-6-2 中。

表 6-6-2 任务记录表 2

序号	测量项目	输出电压测量值
1	交流输入、直流输入切换	
2	交流输入、旁路输入切换	
3	直流输入、旁路输入切换	

六、工作实施流程

（1）领取任务：按组分配工位，每组一个工位完成任务。

（2）工作前准备：

① 人员准备：指导教师为安全监护人，组长为工作负责人，其余人员为工作成员，

工作人员应清楚工作内容、安全措施，精神状态正常，无妨碍工作的病症。

② 危险点分析，安全预控措施：检查现场符合工作条件，分析本次工作危险点并做好相应预控措施，布置现场一次安全措施。

③ 工作人员穿着工作服。

（3）根据认知情况，完成安装、接线。

（4）分组练习。

（5）指导老师点评实施情况；

（6）清理现场。

七、评价反馈

（1）学生自评，见附录 1《学生自评表》；

（2）团队互评，见附录 2《团队互评表》；

（3）教师评价，见表 6-6-3。

表 6-6-3 教师评价

序号	作业名称	质量标准	分值	扣分标准	扣分	得分
一、准备工作						
1	着装及安全工作	正确佩戴安全帽，穿工作服、穿绝缘鞋，戴手套	5	（1）未按规定佩戴安全帽、工作服、绝缘鞋、手套每项扣 5 分； （2）安全帽、着装不规范出现一项扣 2 分； （3）本项 5 分，扣完为止		
2	选择工器具	选择工器具满足工作需要，工器具做外观检查	5	（1）工器具每一项选用不当，扣 1 分； （2）工器具未做外观检查，扣 2 分； （3）本项 5 分，扣完为止		
3	申请开工	汇报内容正确，术语符合要求	5	（1）未口头交代工作票或安全措施票，漏项或错项每项扣 1 分； （2）本项 5 分，扣完为止		
二、工作过程						
1	工器具、材料摆放	工器具、材料摆放整齐	5	（1）工器具、材料摆放不整齐每处扣 1 分； （2）本项 5 分，扣完为止		
2	外观检查	（1）装置及屏内元器件固定牢固； （2）系统标识文字清晰、正确； （3）接线、插接件紧固、无松动； （4）接线正确无误； （5）装置及屏柜可靠接地	5	（1）未按要求检查，每漏一项扣 1 分； （2）本项 5 分，扣完为止		

（续表）

序号	作业名称	质量标准	分值	扣分标准	扣分	得分
3	上电检查	（1）上电前测量交流输入、直流输入、旁路输入电压，确认各电压均在允许范围内； （2）上电后检查装置显示屏、指示灯、按键和触摸功能完好、风扇运转正常； （3）装置无告警； （4）装置运行监测数据正常； （5）数据记录	5	（1）上电前未测量交流输入、直流输入、旁路输入电压，每漏一项扣2分； （2）上电后未检查装置显示屏、指示灯、按键和触摸功能、风扇每一项扣1分； （3）未检查装置告警，若有告警每漏一项扣1分； （4）未检查装置运行监测数据，如交流输入电压、直流输入电压、旁路输入电压、输出电压、输出电压频率、负载率等，每漏一项扣1分； （5）若有异常，每漏记录一项扣1分； （6）本项5分，扣完为止		
4	空载输出功能检验	（1）在空载情况下，只合上UPS装置交流输入空开及输出空开，待逆变器工作后，用万用表测量UPS输出电压值。 （2）在空载情况下，只合上UPS装置直流输入空开及输出空开，待逆变器工作后，用万用表测量UPS输出电压值	10	（1）检验过程中未按试验方法进行空载输出功能检验，有漏项或者错项，每项扣2分； （2）记录数据时有漏项或者错项，每项扣1分； （3）本项10分，扣完为止		
6	交流输入、直流输入切换功能检验	（1）只合上UPS装置交流输入空开、直流输入空开以及输出空开。待逆变器工作后，断开交流输入空开，UPS装置面板的供电指示灯切换到直流输入供电，且交流输出电压表显示输出无中断； （2）再合上UPS装置交流输入空开，断开直流输入空开，UPS装置面板的供电指示灯切换到交流输入供电，且交流输出电压表显示输出无中断； （3）数据记录	10	（1）检验过程中未按试验方法进行交流输入、直流输入切换功能检验，有漏项或者错项，每项扣2分； （2）记录数据时有漏项或者错项，每项扣1分； （3）本项10分，扣完为止		

（续表）

序号	作业名称	质量标准	分值	扣分标准	扣分	得分
7	交流输入、旁路输入切换功能检验	（1）只合上 UPS 装置交流输入空开、旁路输入空开以及输出空开。待逆变器工作后，断开交流输入空开，交流输出电压表显示输出无中断；（2）再合上 UPS 装置交流输入空开，断开旁路输入空开，交流输出电压表显示输出有无中断，数据记录。	10	（1）检验过程中未按试验方法进行交流输入、旁路输入切换功能检验，有漏项或者错项，每项扣 2 分；（2）记录数据时有漏项或者错项，每项扣 1 分；（3）本项 10 分，扣完为止		
8	直流输入、旁路输入切换功能检验	（1）只合上 UPS 直流输入空开、旁路输入空开以及输出空开。待逆变器工作后，断开直流输入空开，观察 UPS 交流输出电压表显示输出有无中断；（2）再合上 UPS 直流输入空开，断开旁路输入空开，观察 UPS 装置交流输出电压表显示输出有无中断，数据记录	10	（1）检验过程中未按试验方法进行直流输入、旁路输入切换功能检验，有漏项或者错项，每项扣 2 分；（2）记录数据时有漏项或者错项，每项扣 1 分；（3）本项 10 分，扣完为止		
三、工作终结						
1	回收材料、工器具，清理现场	（1）回收工作现场所用到的所有工器具、材料、设备。（2）清扫工作现场	5	（1）未回收工作现场使用的工器具、材料、设备，每处扣 1 分。（2）现场清干净，不清理扣 3 分，清理不符合要求扣 2 分；（3）本项 5 分，扣完为止		
2	工作执行完毕、汇报监考人员	汇报内容正确，术语符合要求	5	（1）汇报调度内容不准确、未使用规范术语每处扣 1 分；（2）本项 5 分，扣完为止		
合计			100			
考评员栏		成绩：		考评老师：		

八、相关知识点

知识点 1：UPS 电源的组成部分。

电力专用 UPS 的组成部分有：输入隔离变压器、输入断路器、整流器、逆变器、输出隔离变压器、静态旁路开关、直流输入断路器、直流隔离二极管、控制单元、显示单元、通讯单元，如图 6-6-1 所示。

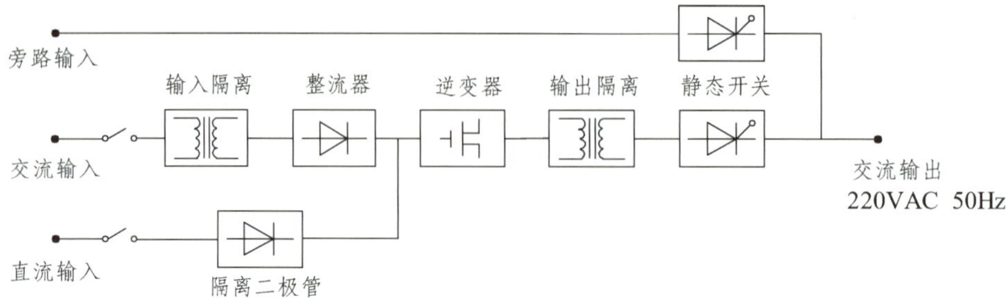

图 6-6-1 电力专用 UPS 的组成部分

知识点 2：UPS 电源的工作原理。

（1）当市电交流正常时，交流输入经进入控制继电器的输入端，同时启动辅助电源，在单片机的控制下，闭合输入继电器，启动控制电路，逆变部分由单片机控制输出高频 SPWM 调制波，经逐一脉冲瞬时过流保护及软开关电路至 IGBT 功率器件，经解调滤波后输出 50 Hz ± 0.5%，AC 220 V ± 1%，相位与输入端同步的纯正弦波。

（2）如果交流输入异常，单片机立即唤醒直流系统工作。经过高频变压器隔离整流后产生正负总线均为 350 V 的总线电压，可保证在满载输出时，交、直流在线切换输出零中断。当交流恢复正常，自动零切换到交流工作。

（3）无论是工作在市电交流状态下，还是在直流系统状态下，电源设备都是经过逆变器向负载供电，使得输出始终是稳频、稳压的交流电压，实现了不间断的供电。

九、拓展思考

UPS 电源输出的交流电压的误差范围是多少？

任务 7 屏柜二次电缆排列固定

一、学习情境描述

计划对微机保护屏后的控制电缆进行排列与固定，安全措施已布置完成。

二、学习目标

（1）知识目标：

① 掌握保护屏后控制电缆的型号与作用。

② 掌握微机保护屏后的控制电缆进行排列与固定的工艺要求。

（2）能力目标：

① 能正确完成二次电缆的排列。

② 能正确二次电缆在保护屏后的固定。

（3）思政目标：

① 了解专业规程规范：《DL/T 995—2016 继电保护和电网安全自动装置检验规

程》;《DL/T 478—2013 继电保护和安全自动装置通用技术条件》;《GB/T 7261—2008 继电保护和安全自动装置基本试验方法》。

② 培养严谨认真的工作作风。

③ 培养团队协作精神。

④ 养成良好的劳动习惯。

三、任务书

微机保护屏后二次电缆的排列与固定。

四、任务咨询

引导问题 1: 二次电缆的型号规格有哪些种类,分别用于什么地方?

答:

引导问题 2: 二次电缆的排列与固定有何工艺要求?

答:

五、任务实施

(1)完成现场一次、二次安全措施布置。

相邻屏前后悬挂“运行设备”红布帘,工作屏前后悬挂“在此工作”标识牌。

(2)工器具、资料准备。

尼龙扎带、一字螺丝刀、钢卷尺、斜口钳、绝缘手套。

(3)任务实施。

① 排列固定前的检查。

检查二次电缆的外观,发现二次电缆存在问题时,及时汇报。

② 二次电缆的排列与固定。

a. 将每根电缆的芯线单独分开，将每根芯线拉直。

b. 从电缆头上部开始，按照一定的间距将每根电缆的芯线单独绑扎成一束。在接线位置的同一高度从芯线束中将芯线向端子排侧折 90°弯分出线束引至接线位置。

c. 电缆芯线的扎带绑扎间距一致，且间距要求适中（15 ~ 20 cm）。

e. 每根电缆的芯线宜单独成束绑扎，以便于查找。

③ 安装后检查。

a. 电缆排列整齐，编号清晰，无交叉，固定牢固，不得使所接的端子排受到机械应力。

b. 芯线按垂直或水平有规律地配置，排列整齐、清晰、美观，回路编号正确，绝缘良好，无损伤。芯线绑扎带间距统一、美观。

六、工作实施流程

（1）领取任务：按组分配工位，每组一个工位完成任务。

（2）工作前准备：

① 人员准备：指导教师为安全监护人，组长为工作负责人，其余人员为工作成员，工作人员应清楚工作内容、安全措施，精神状态正常，无妨碍工作的病症。

② 危险点分析，安全预控措施：检查现场符合工作条件，分析本次工作危险点并做好相应预控措施，布置现场一次安全措施。

③ 工作人员穿着工作服。

（3）根据认知情况，完成安装、接线。

（4）分组练习。

（5）指导老师点评实施情况；

（6）清理现场。

七、评价反馈

（1）学生自评，见附录 1《学生自评表》；

（2）团队互评，见附录 2《团队互评表》；

（3）教师评价，见表 6-7-1。

表 6-7-1　教师评价

序号	作业名称	质量标准	分值	扣分标准	扣分	得分
一、准备工作						
1	着装	着棉质长袖工作服，系好领口和袖口，穿低压绝缘鞋，戴棉质手套，戴安全帽	5	未按要求着装扣 5 分；着装不规范扣 3 分		
2	工器具材料准备	工器具和材料选择正确	10	工器具和材料选择不正确扣 10 分		

（续表）

序号	作业名称	质量标准	分值	扣分标准	扣分	得分
3	开工	履行开工手续	10	未口头交代工作票或安全措施票未填写及不全面扣10分		
二、工作过程						
4	线缆外观检查	（1）排列固定之前对二次电缆的外观进行检查； （2）发现二次电缆存在问题时，及时汇报	10	（1）未进行外观检查，扣5分； （2）检查存在问题未汇报，扣5分； （3）本项10分，扣完为止		
5	二次电缆线芯排列	（1）将二次电缆线芯拉直，根据数量排列为1排或数排； （2）线芯排列应为水平形排列或阶梯形排列	10	（1）单项未达标，扣5分； （2）本项10分，扣完为止		
6	二次电缆垂直排列	（1）二次电缆应排列为圆形或矩形； （2）二次电缆排列应整齐美观，便于检查维护，不应出现交叉	10	（1）单项未达标，扣5分； （2）本项10分，扣完为止		
7	二次电缆弯曲排列	（1）二次电缆线束转弯或分支时，应保持横平竖直，不架空或斜走； （2）二次电缆转角应在同一位置，弯曲程度一致	10	（1）单项未达标，扣5分； （2）本项10分，扣完为止		
8	二次电缆固定	（1）二次电缆线芯排列完成后，应用尼龙扎带固定；（2）绑扎应牢固可靠（3）绑扎后，在接线后不应使端子排承受机械力（4）绑扎的高度和方向一致（5）绑扎的间距应尽量相等	15	（1）单项未达标，扣2分； （2）本项10分，扣完为止		
9	排列固定检查	（1）对完成排列固定的二次电缆进行工艺检查； （2）不应出现绝缘层和线芯的损伤	10	（1）未对完成排列固定的二次电缆进行工艺检查，扣5分； （2）出现绝缘层和线芯的损伤，扣5分； （3）本项10分，扣完为止		

（续表）

序号	作业名称	质量标准	分值	扣分标准	扣分	得分
三、工作终结验收						
10	安全文明生产	（1）遵守安规、规程情况； （2）按时完成； （3）清理工作现场	10	（1）操作超时，每超1分钟扣2分； （2）现场清干净，不清理扣5分，清理不符合要求扣3分； （3）本项10分，扣完为止		
合计			100			
考评员栏		成绩：		考评老师：		

八、相关知识点

知识点：二次电缆排列与固定的工艺要求。

（1）电缆应排列整齐，编号标识清晰，电缆之间无交叉，固定牢固，不得使所接的端子排受到额外应力。

（2）芯线按垂直或水平有规律地布置，排列整齐美观，绝缘良好，无损伤。

（3）芯线的扎带绑扎间距一致，扎头朝向后面。

（4）芯线弯曲弧度一致，与接线端子连接可靠。

（5）芯线号码管长度一致，排列整齐；字体向外，字迹清晰。

（6）备用芯线应满足端子排最远端子接线要求，并应标有电缆编号标识，芯线头部加装封堵头。

（7）电缆挂牌固定牢固，悬挂整齐。

九、拓展思考

在电缆沟里进行二次电缆敷设的转角处的工艺要求是?

附录 1　学生自评表

学生自评表

序号	任务（分值）	完成情况记录
1	是否按计划时间完成（15 分）	
2	相关理论完成情况（15 分）	
3	技能训练情况（25 分）	
4	任务完成情况（25 分）	
5	任务创新情况（10 分）	
6	收获（10）	

附录 2 团队互评表

团队互评表

序号	评价内容（分值）	小组互评	签名
1	是否按计划时间完（15 分）		
2	完成上交情况（20 分）		
3	完成质量（25 分）		
4	语言表达能力（15 分）		
5	团队精神（15 分）		
6	创新点（10 分）		

参考文献

[1] 国家电网有限公司. 国家电网有限公司十八项电网重大反事故措施（2018 年修订版）及编制说明[M]. 北京：中国电力出版社，2018.

[2] 国家电网公司. 10 kV ~ 110（66）kV 线路保护及辅助装置标准化设计规范：Q/GDW 10766—2015[S]. 北京：中国电力出版社，2016.

[3] 国家电网公司. 10 kV ~ 110（66）kV 元件保护及辅助装置标准化设计规范：Q/GDW 10767—2015[S]. 北京：中国电力出版社，2016.

[4] 国家电力调度通信中心. 国家电网公司继电保护培训教材（上册）[M]. 北京：中国电力出版社，2009.

[5] 国家电力调度通信中心. 国家电网公司继电保护培训教材（下册）[M]. 北京：中国电力出版社，2009.

[6] 国家能源局. 继电保护和电网安全自动装置检验规程：DL/T 995—2016[S]. 北京：中国电力出版社，2016.

[7] 廖小君. 现场运维人员继电保护实用技术[M]. 北京：中国电力出版社，2020.